中国蜜蜂资源与利用丛书

蜂产品知识百问百答

The Basic Knowledge to Learn Bee-Products

孟丽峰　罗照明　编著

中原农民出版社

·郑州·

图书在版编目（CIP）数据

蜂产品知识百问百答 / 孟丽峰，罗照明编著 . —郑州：中原农民出版社，2018.9

（中国蜜蜂资源与利用丛书）

ISBN 978-7-5542-1992-8

Ⅰ . ①蜂… Ⅱ . ①孟… ②罗… Ⅲ . ①蜂产品 – 问题解答 Ⅳ . ① S896-44

中国版本图书馆 CIP 数据核字（2018）第 191911 号

蜂产品知识百问百答

出 版 人	刘宏伟	
总 编 审	汪大凯	

策划编辑	朱相师	
责任编辑	尹春霞	
责任校对	张晓冰	
装帧设计	薛　莲	

出版发行　中原出版传媒集团　中原农民出版社

（郑州市经五路66号　邮编：450002）

电　　话	0371-65788655
制　　作	河南海燕彩色制作有限公司
印　　刷	北京汇林印务有限公司
开　　本	710mm×1010mm　1/16
印　　张	16.25
字　　数	180千字
版　　次	2018年12月第1版
印　　次	2018年12月第1次印刷

书　　号	978-7-5542-1992-8
定　　价	78.00元

前　言
Introduction

　　蜂产品是一类来自蜜蜂的天然营养佳品，目前市场上主要以蜂蜜、蜂王浆、蜂胶、蜂花粉四大类蜂产品为主，此外还包括蜂蛹、蜂毒、蜂幼虫等。蜂产品在世界范围内食用历史悠久，而且被世界各国广泛认可。《神农本草经》收载的365味药材中，蜂蜜被列为上品，兼有治病和保健功效。"蜂蜜味甘、平，无毒，主心腹邪气，诸惊痫痉，安五脏，诸不足，益气补中，止痛解毒，除百病，和百药。久服，强志轻身，不饥不老，延年。"此外，《圣经》中多次提到蜂蜜，无论是古希腊、古印度还是古埃及，都能找到蜂蜜的历史记载。考古学家发现，人类早期真正认识和应用蜂胶的例证，至少在3 000年以前，在与古埃及木乃伊同期保存下来的有关医学、化学和艺术的草纸书中就有蜂胶的相关记载。

　　现代科学研究和临床试验表明，蜂产品在提高人体免疫力、辅助降血糖、抑菌抗病毒、抗癌、抗氧化、保护心血管、改善人体新陈代谢、促进肠道功能、修复人体组织等方面具有很好的作用。不同的蜂产品具有的营养成分差异很大，营养价值及对人体的保健作用也不一样，也具有各自的食用特点和储存要点，有些蜂产品还有食用禁忌，社会上也存在着很多对蜂产品食用的误解和疑问。

本书的编写得到国家现代蜂产业技术体系（CARS-44-KXJ14）和中国农业科学院科技创新工程项目（CAAS-ASTIP-2015-IAR）的大力支持。

本书将科学全面地解答不同蜂产品的具体来源、生产方式、营养成分、生理活性、对人体的健康保健作用、食用说明、食用方法、储存要求等，特别适用于蜂产品从业人员和蜂产品消费者。由于编者自身水平有限，书中难免有不足之处，恳请读者批评指正。另外，在书稿编写的过程中引用了一些珍贵的照片，在此表示感谢。

编者

2018 年 8 月

目　录
Contents

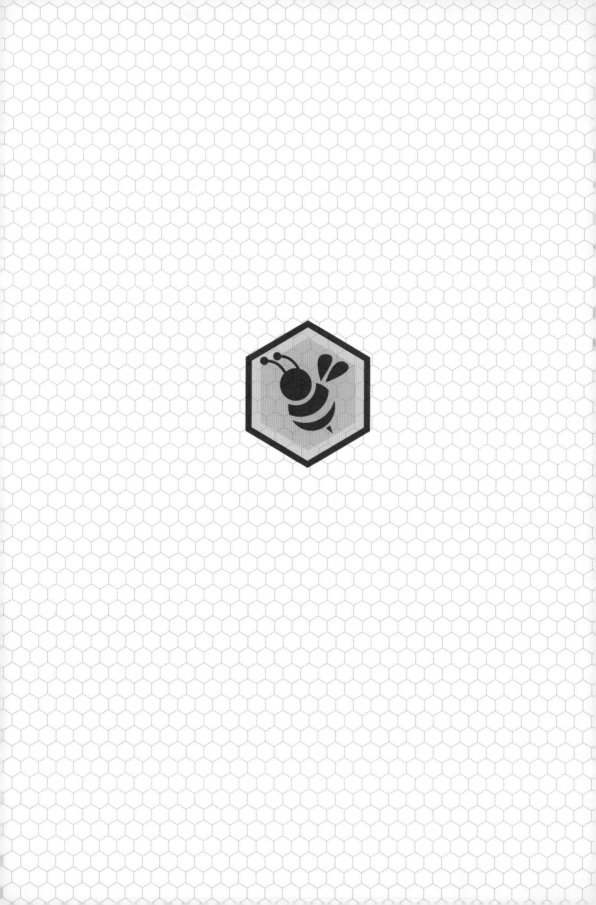

专题一

蜂　蜜

　　蜂蜜是蜜蜂采集植物的花蜜、分泌物或蜜露，与自身分泌物结合后，经充分酿造而成的天然甜物质。蜂蜜含有 180 多种对人体有益的成分，是一种营养丰富的理想保健食品，对胃肠道疾病、心脑血管疾病、烧烫伤等有很好的辅助治疗效果。经常食用蜂蜜精力充沛、面容姣好、延年益寿。

一、蜂蜜概述

1. 什么是蜂蜜？

蜂蜜是蜜蜂采集植物的花蜜、分泌物或蜜露，与自身分泌物结合后，经充分酿造而成的天然甜物质（图1-1）。

图1-1　蜂蜜

2. 蜂蜜是怎样酿成的？

首先采集蜂从侦察蜂或其他采集蜂处获得蜜源信息，然后立即飞赴蜜源场地，凭借着敏感的嗅觉很快找到花内或花外蜜腺，选择好立身之地后便将长吻伸到蜜腺里（图1-2），把花蜜满满地吸吮到自己的蜜胃（又称蜜囊）里（图1-3），同时不断地将自身分泌的消化液加入其中，使花蜜刚一进入采集蜂体内就连续不断地进行一系列物理和化学的变化：蜜蜂通过消化道的黏膜吸收花蜜中的部分水分，使花蜜中的含水量逐渐减少；各腺体分泌液和花蜜、花粉中含有的消化酶（如转化酶和淀粉酶等）使花蜜中的多糖逐渐分解转化为低聚糖和单糖，这些分解、转化中的产物之间还会发生局部的聚合反应而生成二糖、三糖或低聚糖等，而使花蜜的物理和化学组成不断地进行着变化。

图 1-2　蜜蜂采蜜（孟丽峰　摄）

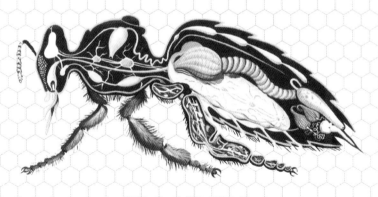

图 1-3　蜜蜂生理结构图

采集蜂的蜜胃盛满采集物后，返回蜂巢将蜜胃中的采集物吻对吻地转交给担任酿蜜任务的内勤蜂（图 1-4），在内勤蜂的体内这些采集物又经历一次与采集蜂体内相似的物理和化学变化，随后，此内勤蜂又将其转交给另一只内勤蜂，或是将其存放入清理干净的空巢房内，或是将其存放在两个巢房之间的间隔处，再由其他的内勤蜂重复地进行着吸入、吐出的动作，在每一次吸入和吐出过程中，花蜜等采集物就经历一轮高一层次的物理和化学变化。与此同时，蜂巢中有很多的内勤蜂进行着扇风的劳动，随着不断流动的气流，放置在蜂巢内不同部位的未成熟蜂蜜中多余的水分被不断地带走。经过日夜不停的辛勤劳作后，原花蜜中含有的水分从 60% 以上逐渐减少到 20% 以下，葡萄糖和果糖等单糖类物质的含量由最初的 20% 左右增高到约 75% 时，蜜蜂利用自身分泌的蜜蜡将这些巢房封好，香甜芬芳的蜂蜜即酿制成功。不同蜜源所酿制的蜂蜜具有各自特有的芳香气味。在夏季，从蜜蜂采集第一滴花蜜到此滴花蜜酿制成成熟蜂蜜，正常情况下需要 7 ~ 15 天。

图 1-4　蜜蜂吻对吻传递蜂蜜

与此同时，另有一些蜜蜂在蜂群内努力做着清理巢房的劳动，它们将其中的不洁物清除后，用蜂胶在巢房的内壁上薄薄地涂上一层保护层，使此巢房变成一个清洁并相对无菌或少菌的局部环境。此时，其他的内勤蜂就把酿制成熟的蜂蜜逐滴存放在这些巢房中，巢房被盛满之后，就用一层由蜂胶和蜂蜡组成的蜡盖将其封存起来，以备不时之需(图1-5)。这样一来，这些盛满成熟蜂蜜的巢房就变成了一个个蜂群内的"存粮仓库"。在蜂群中，这些成熟蜂蜜因为有蜡盖的保护，可以常年保存而不会变质腐败。养蜂员取蜜时，从蜂群中抽出封好盖的蜜脾，用割蜜刀割去蜡盖后(图1-6)，用摇蜜机将其中的蜂蜜摇取出来(图1-7)，经过简单的过滤即可灌装(图1-8、图1-9)。这就是蜂蜜生产的全过程。

图1-5 成熟封盖蜜脾（李建科 摄）

图1-6 人工去盖（李建科 摄）

图1-7 手动摇蜜（李建科 摄）

图1-8 蜂蜜粗滤（李建科 摄）

图1-9 灌装蜂蜜（李建科 摄）

3. 蜂蜜有哪些主要营养成分？

目前已鉴定出蜂蜜中至少含有 181 种物质，其中主要成分是糖类，占蜂蜜总量的 65% ~ 80%；其次是水分，占 16% ~ 26%。另外蜂蜜中还含有蛋白质、酶类、氨基酸、维生素、矿物质、花香物质和多酚类物质等。蜂蜜中的糖类主要是果糖和葡萄糖等单糖，此外，还含有 25 种低聚糖。蜂蜜中主要的双糖有蔗糖、麦芽糖、α 海藻糖、β 海藻糖，曲二糖、松二糖和吡喃葡糖基蔗糖。甘露蜜除了以上的低聚糖外，还含有松三糖、棉子糖，以及微量的戊多糖等三糖类（表 1-1）。此外，蜂蜜中还含有丰富的胆碱和乙酰胆碱（2 400 毫克 / 千克），是重要的神经递质，在学习记忆中起着重要作用。

表 1-1　蜂蜜中主要成分的含量（克 /100 克）

成分	花蜜		蜜露	
	均值	范围	均值	范围
果糖	38.2	30 ~ 40	16.3	15 ~ 20
葡萄糖	31.3	24 ~ 40	31.8	28 ~ 40
蔗糖	0.7	0.1 ~ 4.8	0.5	0.1 ~ 4
其他二糖	5	28	4	16
松三糖	<0.1		4	0.3 ~ 22
其他三糖	3.6	0.5 ~ 1	3	0.1 ~ 6
吡喃葡糖基蔗糖	0.8	0.56	1	0.16
总糖	79.7		80.5	
矿物质	0.2	0.1 ~ 0.5	0.9	0.6 ~ 2
蛋白质、氨基酸	0.3	0.2 ~ 0.4	0.6	0.4 ~ 0.7

成分	花蜜		蜜露	
	均值	范围	均值	范围
酸类物质	0.5	0.2 ~ 0.8	1.1	0.8 ~ 1.5
pH	3.9	3.5 ~ 4.5	5.2	4.5 ~ 6.5
水分	17.2	15 ~ 20	16.3	15 ~ 20

4. 蜂蜜中含有哪些氨基酸?

蜂蜜中的氨基酸主要来源于蜂蜜中的花粉,已经鉴定出蜂蜜中含有 27 种氨基酸,包括谷氨酸、精氨酸、色氨酸、苏氨酸、亮氨酸、脯氨酸以及天冬氨酸等。其中,脯氨酸含量最高,因蜜源植物和蜜源产地不同而不同,一般占氨基酸总量的 50% ~ 60%。脯氨酸在蜂蜜所含氨基酸种类中含量最大且相对比较恒定,可将其作为氨基酸参数指标和蜂蜜中蜜源植物和产地的鉴定指标(表 1–2)。

表 1–2　几种主要蜂蜜中氨基酸的含量(毫克 / 千克)

蜜种 / 氨基酸	洋槐蜜	椴树蜜	油菜蜜	薰衣草蜜	向日葵蜜	杉树蜜
脯氨酸	273	351.3	208.7	553.1	400.2	456.2
天冬氨酸	17.3	13.8	14.1	8.5	42.1	8.8
谷氨酸	8.3	19.9	10.7	12.7	69.6	16.6
亮氨酸	0.9	1.6	3.2	3.5	4.7	0.9
精氨酸	8	7.9	11.2	7.6	14	5.7
色氨酸	1.3	1.9	1.8	2.2	2.4	0.9

蜜种 氨基酸	洋槐蜜	椴树蜜	油菜蜜	薰衣草蜜	向日葵蜜	杉树蜜
苏氨酸	3	2.9	3.8	4.8	11.3	2.3
谷氨酰胺	11.4	7.6	15.5	7.4	30.5	15.5

5. 蜂蜜中含有哪些酶类物质？

蜂蜜中含有多种人体所需的酶类物质。蜂蜜中酶类物质主要是在酿蜜过程中混入蜜蜂唾液分泌物而形成的。蜂蜜中的酶类物质主要是消化酶，如蔗糖酶、淀粉酶、葡糖氧化酶、过氧化氢酶。此外还有还原酶、脂肪酶、蛋白酶等。蜂蜜中酶的含量和活性受多种因素影响，如蜜源、酿蜜时间、储存时间及温度等。储藏时间过长和高温热处理，都会使酶活性降低。因此，酶活性是评价蜂蜜新鲜度的一项重要指标。酶保持活性需要一定条件，以淀粉酶为例，枣花蜜和洋槐蜜的淀粉酶值较高，且能经受较高的温度和较长的时间，50℃保持24小时后仍能维持8以上。而枸杞蜜淀粉酶值较小，且不耐受较高温度和较长的时间。一般蜂蜜在温度40℃以下、pH 5.3时，淀粉酶最稳定。

6. 蜂蜜中含有哪些多酚类化合物？

蜂蜜中的多酚类物质主要包括黄酮类和酚酸类化合物，是蜂蜜中主要的抗氧化成分。蜂蜜中黄酮主要来源于植物花粉、花蜜和蜂胶，多以配基和糖苷黄酮的形式存在。蜂蜜中黄酮的含量约为20毫克/千克，主要有木犀草素、白杨素、芹菜素、三粒小麦黄酮、杨芽黄素、黄芩素、汉黄芩素；

二氢黄酮类有乔松素、橙皮素；黄酮醇类化合物有山柰酚、槲皮素、异鼠李素、山杨梅酮、高良姜素、菲瑟酮、桑色素；异黄酮类有染料木素；黄烷类有柚皮素、儿茶素和短叶松素。蜂蜜中黄酮的含量受蜜源植物、地理因素和气候特征等条件的影响很大，如北半球产地的蜂蜜，黄酮类化合物的主要来源是蜂胶；赤道地区和澳大利亚蜂蜜中的黄酮类化合物则主要来源于蜜源植物的花蜜和花粉。蜂蜜的抗氧化性与其中黄酮醇含量有较高的相关性。因此，黄酮的含量也逐渐成为检测蜂蜜质量和区分蜜种的一项重要指标。

酚酸是蜂蜜中的又一重要组成部分，是蜂蜜中抗氧化和清除自由基的主要活性成分（表1-3）。以苯丙素为基本骨架的酚酸有咖啡酸、阿魏酸、芥子酸等，以苯甲酸为基本骨架的有没食子酸、原儿茶酸等。且不同蜜源、不同产地的蜂蜜中酚酸含量和种类也存在很大差异。同一地域所采集的蜂蜜往往具有某种相同的酚酸类成分。

表1-3　不同蜂蜜的总酚酸含量和对脂质过氧化物的抑制作用

种类	抗氧化活性（%）			
	50 微升	100 微升	200 微升	总酚酸浓度（毫克 /100 克）
荞麦蜜	51.58	65.21	83.56	148.46
五味子蜜	42.43	57.61	61.81	20.34
槐花蜜	34.09	49.77	58.52	13.30
山花蜜	39.52	45.05	57.64	30.53
枸杞蜜	43.58	51.74	58.06	28.32
油菜蜜	29.37	43.85	50.38	23.1

続表

种类	抗氧化活性（%）			
	50 微升	100 微升	200 微升	总酚酸浓度（毫克/100 克）
黄芪蜜	35.02	44.3	52.56	17.77

7. 蜂蜜中含有哪些挥发性油类成分？

蜂蜜中的挥发性化合物是决定蜂蜜气味的主要成分。挥发性化合物大致分为 7 大类：醇类、酮类、醛类、酯类、环状化合物、碳水化合物以及氯化物。蜂蜜中的这些挥发性化合物因蜜种不同含量有较大差异。某些挥发物质仅存在于某种单花蜜中，其他花蜜中根本不存在或者含量极少，则可认为此挥发物是此种蜂蜜特有的挥发物质，并且可作为鉴定该种蜂蜜的标记物质。

8. 蜂蜜的色香味有哪些特点？

自然界中能形成商品蜜的植物有近百种，每种蜂蜜都有其独特的色香味。蜂蜜的色泽从水白色到深琥珀色不等（图 1-10），这是由于花蜜中含有天然色素，也与蜂蜜中的矿物质、多酚类物质、花粉的含量等有关。一般来讲，蜜香与花香是一致的，如洋槐蜜酷似槐花香气，荆条蜜具有荆花芳香，椴树蜜具有较浓郁的香气，枇杷蜜具有杏仁香气，枣花蜜略带中药材香气。蜂蜜味道以甜为主，其甜度约是蔗糖的 1.25 倍，蜂蜜入口后首先感觉甘甜可口，嗓子部位有甜腻感。但也有例外，如洋槐等一些浅色蜜甜而不腻，少数蜂蜜口味特别，如芝麻蜜酸味较重，棉花蜜带有碱味，鹅

图 1-10 不同色泽的蜂蜜

掌柴蜜（冬蜜）略带苦味。有时同一花种的蜂蜜因产地、环境、气候等不同，颜色、口感、气味会有所差异。

9. 成熟蜂蜜与非成熟蜂蜜有何差别？

成熟蜂蜜是经过蜜蜂充分酿造，其含水量降到 20% 以下，葡萄糖和果糖等单糖类物质的含量增加到约 75% 时的封盖蜜。此时的蜂蜜含水量少，非常黏稠，营养丰富。蜂蜜成熟的整个过程需要 7 ~ 15 天，因气候和蜜源植物的不同而不同（图 1–11）。非成熟蜂蜜指的是蜜蜂采集花蜜仅自身酿造了一两天，蜂农就将其取出来，这个时候的蜂蜜水分含量很高，需要

图 1–11 成熟封盖蜜（李建科 摄）

蜂蜜加工厂进行浓缩，不是真正的成熟蜂蜜（图1-12）。由于成熟蜂蜜的生产周期长，非成熟蜂蜜（花蜜）的生产周期仅为1～2天，在花期一定的时间内，两者的产量相差数十倍，所以导致了酿制成本差异巨大。

图1-12　未封盖蜜脾（李爽　摄）

10. 蜂蜜为什么会结晶？

　　蜂蜜是一种糖的过饱和溶液，结晶是蜂蜜的一种自然现象。蜂蜜中的糖类主要是葡萄糖和果糖。不同品种蜂蜜中的葡萄糖和果糖含量存在着一些差异。一般来说，果糖为38%，葡萄糖为41%。这两种糖的含量是蜂蜜结晶的主要原因，而它们的相对百分比则决定蜂蜜结晶速度的快慢。葡萄糖溶解性相对较差，容易结晶析出。果糖比葡萄糖更易溶解于水，保持液体状态。当葡萄糖结晶时，它与水分离，以微小的晶体状态存在。随着越来越多的葡萄糖结晶，这些晶体遍布于蜂蜜中，液体溶液就变为稳定的饱和状态，最终使蜂蜜结晶。蜂蜜结晶还受温度和蜂蜜自身水分含量的影响。有些蜂蜜结晶比较均匀、细腻，如椴树蜜。有些则是部分结晶，形成两层，结晶层位于瓶罐的底部，液体部分位于瓶罐的上部。蜂蜜晶体的大小也不尽相同。有些晶体大而硬，颗粒粗，如油菜蜜。结晶速度越快的蜂蜜，其晶体质地越细腻。蜂蜜结晶后，颜色一般都会变浅，这是因为葡萄糖脱水以晶体形式析出，而葡萄糖晶体是纯白色的（图1-13）。

图 1-13 不同晶型和色泽的结晶蜂蜜

11. 何为蜂蜜的波美度？

波美度（°Bé）是表示溶液浓度的一种方法。把波美比重计浸入所测溶液中，得到的度数叫波美度（图1-14）。波美度以法国化学家波美（Antoine Baume）的名字命名。蜂蜜波美度即为蜂蜜的浓度，而蜂蜜浓度的确切含义则是指蜂蜜中可溶性固形物的百分含量。由于蜂蜜浓度越高，比重就越大，浓度与波美度成正比，因此，在实际工作中就把蜂蜜的波美度称为蜂

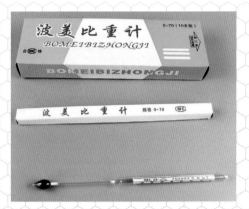

图 1-14　波美比重计

蜜的浓度，成了一种习惯性的叫法。实质上两者是有区别的，蜂蜜的波美度受温度影响较大，当温度升高时，波美度变小；而当温度下降时，波美度变大。为了统一比较标准，国际上规定以 20℃作为标准温度。

因此，蜂蜜产品标签上的波美度，都是在 20℃时所测得的。有的蜂蜜产品标签直接标注了波美度值，大部分产品标签则只标注了蜂蜜的质量等级（一级品或二级品）。

现行《食品安全国家标准　蜂蜜》（GB 14963—2011），规定蜂蜜的果糖和葡萄糖含量不低于60%，对蜂蜜中的水分没有要求。除了荔枝、龙眼、柑橘、鹅掌柴、乌桕蜂蜜外，一级品的含水量一般不超过 20%，二级品的含水量一般不超过 24%。根据上面的对应关系，我们可知一级蜂蜜的波美度应该在 41.6 以上（表 1-4）。

表 1-4　蜂蜜波美度和水分含量对照表（环境温度 20℃）

波美度(°Bé)	含水量(%)	含糖量(%)	比重
38	27	71.2	1.356

波美度(°Bé)	含水量(%)	含糖量(%)	比重
38.5	26	72.2	1.362
39	25	73.2	1.368
39.5	24.2	74.2	1.375
40	23.1	75.4	1.382
41	22.3	76.2	1.388
40.5	21.2	77.2	1.395
41.5	20.2	78.1	1.402
42	19.2	79.1	1.409
42.5	18.1	80.3	1.416
43	17	81.3	1.423

12. 蜂蜜的酸度和 pH 是多少?

蜂蜜的酸类成分很少,但是对于蜂蜜的滋味形成很重要。蜂蜜中发现的微量的酸类成分有蚁酸、乙酸、柠檬酸、苹果酸、乳酸、草酸、琥珀酸等。很多蜂蜜都是酸性的,pH 都低于 7。来自花蜜的蜂蜜 pH 范围在 3.3 ~ 4.6。甘露蜜,由于含有的矿物质较高,它的 pH 范围在 4.5 ~ 6.5。蜂蜜是一种缓冲剂,那就意味着,蜂蜜不会因为蜜蜂添加少量的酸类而发生 pH 的改变。蜂蜜的缓冲能力来自磷酸盐、碳酸盐及其他矿物盐类。

13. 如何选购蜂蜜产品?

（1）看 QS 或 SC 标识　进入市场的蜂蜜产品的包装标签上必须有 QS 生产许可的标识或 SC 标识（图 1-15、图 1-16）。

图 1-15　我国食品等级及标识

中国有机认证　　欧盟有机认证　　美国有机认证

中国有机转换产品认证　　南京国环 OFDC 有机认证　　中绿华夏有机认证
China GAP　　　　　China OFDC　　　　China organic food
certified organic transmit　certified organic　　　certication

图 1-16　现行有机食品标识

（2）看配料表　在选购时，应该查看蜂蜜产品标签中所注的配料表，纯蜂蜜配料表中不得含有除蜂蜜以外的任何物质。

（3）看价格　假蜂蜜的成本比真蜂蜜要低得多，因此太便宜的产品是假蜂蜜的可能性大，尽量不要购买价格比同类低出很多的蜂蜜产品。

（4）看包装　主要是针对购买瓶装蜂蜜而言，由于瓶装蜂蜜采用封闭式杀菌工艺，可延长货架期，同时又是送礼佳品，因此受消费者青睐。按照国家有关标准，蜂蜜产品包装上的标签至少应包括产品名称、净含量、产品标准号、生产日期和保质期、生产商或经销商的名称和地址。

（5）闻气味　纯正蜂蜜有蜜特有的清香味，而假蜜气味淡薄。如单花蜜应具有蜜源花种本身独特的气味，混合蜜也应有醇正良好的气味，掺假蜜则花香味淡。

（6）尝味道　蜜有蜜味，糖有糖味，纯正蜂蜜味道甜而有轻微的辣喉感，口感绵软细腻，回味悠长。而假蜜的蜜味淡，余味淡薄短促。如掺蔗糖的蜜回味短，口感较淡。

14. 不同种类的蜂蜜有何特点？

（1）洋槐蜜　洋槐蜜也叫洋槐花蜂蜜、刺槐蜜、槐花蜜。纯度较高的洋槐蜜呈水白色、透明状，具有槐花香味，不易结晶，是众所周知的上等蜂蜜（图1-17），但是由于蜜蜂在采集洋槐花蜜的时候采集了其他的蜜源植物，使得市面上的洋槐蜜都掺杂了其他蜂蜜的淡黄色。

图1-17　洋槐蜜和洋槐花

洋槐蜜对人的血液环境有着非常好的优化作用，能够舒张血管、改善血液循环、防止血管硬化、降低血压，长期服用洋槐蜜，能够保持毛细血管的抵抗能力，尤其是适用于长期患有心脑血管疾病的人。此外洋槐蜜还有安神宁心的功效，服用洋槐蜜能够降低中枢神经的兴奋性，起到无害催眠剂的作用。

（2）椴树蜜　椴树蜜是我国东北特有的蜜种之一，也是难得的森林蜜种。椴树蜜色泽晶莹，为透明淡黄色液体，有油脂的光泽；口感细滑微甜，具有淡淡的椴树花香味，容易结晶，结晶后呈乳白色油脂状或细粒状，洁白细腻，又被称作"白蜜"（图1-18）。

图1-18　椴树蜜和椴树花

椴树蜜具有清热补中、解毒润燥、养胃润肺的功效，夏天服用可以清火解毒、促进胃液分泌、帮助消化，秋天服用可以润肺、化痰、增加呼吸道黏膜分泌、保护呼吸系统，另外还有养容驻颜、延缓衰老等保健辅助功效。

（3）龙眼蜜　因为龙眼也叫作桂圆，所以龙眼蜜也叫桂圆蜜。龙眼蜜主要产于我国华南地区，如广东、广西、福建等地，蜜色呈琥珀色，食味甘甜，不易结晶，带着浓烈的龙眼香气，蛋白质含量在我国单花蜜中最高，达1.699%，是上等好蜜（图1-19）。

图 1-19　龙眼蜜和龙眼花

龙眼蜜具有养血安神、开胃益脾、养颜、清热润燥、补中益气之功效，对心脾血虚引起的心悸不安、失眠、记忆力减退有辅助疗效。特别适合女性食用。

（4）荔枝蜜　荔枝蜜是中国南方地区生产的上等蜂蜜，颜色为琥珀色，芳香馥郁，带有浓烈的荔枝花（图 1-20）香味。主要产于我国华南地区，如广东、福建、广西等地。荔枝盛产于南方，被誉为"果中之王"。荔枝蜜采用荔枝之花蜜，芳香馥郁，味甘甜，微带荔枝果酸味，既有蜂蜜之清润，又因为蜜蜂酿蜜时添加了各种蜜蜂自己特有的成分，而无荔枝之燥热，具有爽心爽目、解渴生津、益血理气之功效，是岭南特有的蜜种。

图 1-20　荔枝花

（5）枣花蜜　枣花蜜的蜜源为枣花（图1-21），枣花蜜是北方人民最常饮用的蜂蜜之一，主产地为河南、河北。枣花蜜富含维生素C、果糖、大量的铁和铜元素，是人们配制中药时常用的一个蜜种，有助于改善系统功能，还具有抗菌消炎、促进组织再生、润肺肠、补脾益肾、解毒保肝、强心造血、调剂血压血糖、调节神经、改善睡眠、护肤美容、养生延年、抗衰强身的特殊功效，因此枣花蜜也是深受女士喜爱的一个蜜种。

图1-21　枣花（孟丽峰　摄）

（6）荆条蜜　荆条蜜的蜜源为荆条花（图1-22），蜂蜜呈浅琥珀色，透明度较低，气味清香，口感甜润、微酸，由于其葡萄糖含量高而易结晶，结晶后细腻呈乳白色，久置后色泽加重。其与荔枝蜜、槐花蜜、枣花蜜并称为中国四大蜂蜜，产量长期处于领先地位。由于其含有的葡萄糖较多，所以比较适合从事脑力劳动的上班族和啃书族，也适合饭后容易困倦、体力消耗大、精神压力大者补充糖分，还有美容、健体、润燥、解毒祛痛、润肠通便、促进消化吸收、开胃健脾、调理肠胃、益气补中、清热去燥、散寒清目的功效。

图 1-22　荆条花（孟丽峰　摄）

（7）紫云英蜜　紫云英蜜是蜜蜂从紫云英的花中采集的蜂蜜（图
1-23），因为紫云英也叫红花草，所以这种蜂蜜也被称作红花草蜜或草子蜜。
紫云英蜜色泽为浅琥珀色，结晶颗粒白色细腻，具有大自然清新宜人的草
香味，甜而不腻，鲜洁清甜，为一等蜜，深受国内外市场欢迎。

图 1-23　紫云英花

紫云英蜜因其性甘平，可用于补中益气、清热祛火。尤其适合脾胃虚
弱者，有益于调节、改善消化系统；也可辅助胃病的治疗，缓解胃部灼热、

恶心等症状，促进胃溃疡的治愈。另外，紫云英蜜还具有解毒、医疮、止痛的功效，使用时直接将蜂蜜外敷于皮肤或伤口上，可以消炎、止痛、止血、促进伤口的愈合。

（8）枸杞蜜　枸杞蜜是以中药材枸杞子的花蜜为原料酿制而成，它不仅有一般蜂蜜的营养价值，更是枸杞（图1-24）的精华。纯正的枸杞蜜呈深琥珀色，浓度较高，闻起来清香馥郁，具有中草药的气味。

图1-24　盛开的枸杞

枸杞蜜既是营养佳品，又是医家良药。主要作用是补肾益精、养肝明目、滋阴壮阳。适合血气两亏、体质虚弱、视力下降、慢性肝炎、代谢肝病等人群服用。特别适合肾虚腰痛、遗精滑精、工作繁忙的男性食用。

（9）桂花蜜　桂花蜜又称铃蜜，香气馥郁、清纯优雅，味道清爽鲜洁、甜而不腻，甜润可口，色泽淡黄色，结晶细腻，全结晶颜色是乳白色。正是因为这种细腻的口感，桂花蜜被称为"蜜中之王"。在古代，桂花蜜是贡蜜。在功效上，桂花蜜也有清热补中、化痰润肺、美容养颜的保健作用（图1-25）。

图 1-25 桂花

（10）益母草蜜 益母草蜜颜色为浅琥珀色，清香宜人，品质优良。益母草蜜主要来自我国西南高原无污染药用益母草产区（其他地区也有分布）（图 1-26）。

图 1-26 益母草（孟丽峰 摄）

益母草蜜具有活血、祛瘀、调经、消水等功效。常饮有活血祛风、滋润养颜的功效。

（11）黄连蜜 黄连蜜是采自我国中草药自然保护区中黄连的花蜜，它继承了黄连的药性及蜂蜜的特点，不仅有天然蜂蜜的保健营养价值，而且具有这种名贵中药的医疗效果。黄连蜜晶莹透亮，清香宜人，甜中带苦，食而不腻。真可谓良药并不苦口，疗效却依然。黄连蜜具有清热祛湿、爽心除烦、泻火解毒、抗菌消炎之功效，有镇静、降温的效果，特别适用于平时烟酒过多、心火旺盛、心情烦躁之人士。在古代同样为皇家贡品之一。

（12）野菊花蜜　野菊花蜜主要是蜜蜂采集野黄菊花、苦薏、山菊花、甘菊花而得来的蜂蜜，具有独特的香味和药用价值（图1-27）。该蜜能止渴生津、清热降火、祛风解毒、平肝明目，尤其对疖疮、暗疮等疾病有疗效，对风湿也有一定的疗效，是防暑降温的好饮料。但是需要注意的是胃寒者食用要适度，过多会增加胃寒、腹泻，甚至会造成胃溃疡，因此适度饮用才会起到更好的作用。

图 1-27　蜜蜂采集野菊花蜜（李建科　摄）

（13）党参蜜　党参蜜是蜜蜂采自名贵中药材——党参花蜜酿造而成的（图1-28）。主要产区为陕西、甘肃、东北各省。党参蜜呈浅琥珀色，稠而且黏，乃蜜中上品。有益于补中、益气生津，对脾胃虚弱、气血两亏、体倦无力、妇女血崩、贫血有辅助疗效。老年人可以用来滋补，中年人可以用来强身，尤其适于体虚、胃冷、慢性胃炎、贫血者食用。

图 1-28　党参花

（14）枇杷蜜　枇杷蜜主要产于江南一带，如安徽、福建、浙江、江苏等地。枇杷蜜是蜜蜂采集枇杷花蜜酿造成的蜂蜜（图 1-29），味道甘甜可口，营养丰富，芳香甜美，属于稀有蜜种，自古至今备受推崇，属于上等蜜，堪称蜜中精品。枇杷蜜除具有枇杷主治肺热喘咳、胃热呕吐、烦热口渴的药效外，还具有化痰止咳、清肺解热、利尿降水、止咳平喘的保健功效，是伤风感冒、咳嗽痰多患者的理想选择。

图 1-29　枇杷花

（15）五味子蜜　五味子是中国传统的中药，也是重要的食用植物，五味子蜜主要来源于这种传统的药用植物，含有丰富的木脂素、有机酸、多糖、挥发油及多种维生素和钙、锌、镁等人体所需的元素，能治疗神经官能症、眼干燥症与口腔疾病，并可清肝火、补五脏之气。

（16）藿香蜜　藿香蜜是蜜蜂采集稀有野生中药——藿香的花蜜酿制而成的（图1-30）。蜜色呈琥珀色，气味独特，有中药之香气。由于藿香蜜的成分与药性脉承中草药藿香，因此本品除了普遍适用于营养保健外，更在解暑化湿、肠胃不适、恶心呕吐、清热解毒等方面有良好的辅助疗效，是胃肠功能欠佳、消化不良、体质虚弱等人士的理想食疗保健品。

图1-30　藿香花（苏丽飞　摄）

（17）柑橘蜜　本品采自柑橘之花蜜，色泽为浅琥珀色，具有浓郁的橘花香气，味甘甜微酸，鲜洁爽口（图1-31）。本产品具有柑橘之生津止渴、醒酒利尿的功效，食之下气，除烦醒酒。同时还有养颜正气、化痰、消滞、补中、润燥之功效，适用于脾胃燥热、腹胀、胃肠道疾病患者。

图 1-31　柑橘花

（18）丹参蜜　丹参蜜是蜜蜂采集中药丹参的花蜜酿造的纯天然蜂蜜，具有丹参生新血、去恶血的功效，适用于女性月经不调、行经腹痛等症。此外，丹参蜜还可以凉血消肿、清心除烦。

（19）黄芪蜜　黄芪是治疗气虚不可缺少的药物之一。黄芪蜜采自天然黄芪的花蜜，具有中药黄芪之益卫固表、利水消肿的功效，从而起到升举中气、利尿、减轻肾炎、降低血压、强壮身体的作用。可补气固表，适用于气虚多汗者。

（20）油菜花蜜　油菜花蜜呈浅琥珀色，因花粉含量多，略混浊。有油菜花（图 1-32）的香气，略具辛辣味，储放日久辣味减轻，味道甜润，极易结晶，结晶后呈乳白色，晶体呈细粒或油脂状。油菜在我国分布较广，花期较长，是我国重要的蜜源植物之一，但是由于油菜花蜜口感不是很好，因此，市面上很少有油菜花蜜出售。

图 1-32　油菜花（李建科　摄）

（21）百花蜜　百花蜜并不是按植物命名的蜜种，而是由蜜蜂采集杂花酿造成的蜂蜜，其汇百花之精华，集百花之大全。清香甜润，营养滋补，具蜂蜜之清热、补中、解毒、润燥、收敛等功效，是传统蜂蜜品种。

（22）冬蜜　冬蜜特指蜜蜂采集中药树种鹅掌柴的花蜜酿造而成，它是岭南特有冬季开花的植物，故俗称"冬蜜"。色泽为浅琥珀色，较易结晶，质地优良，味甘而略带苦味。除具有蜂蜜之清热、补中、解毒、润燥等功效外，还有发汗解表、防风除湿之功效，对感冒发热、咽喉肿痛、风湿关节痛有较好的辅助疗效，是带有中药特色的蜂蜜品种，深受东南亚地区人们喜爱。

15. "名不符实"的蜂蜜有哪些？

有些蜂蜜，比如金银花蜜、葡萄蜜、山楂蜜、野玫瑰蜜、雪脂莲蜜等，假的不少，如金银花的花冠既细又长，蜜蜂根本采集不到；葡萄只有粉而无蜜；山楂蜜不少是将山楂汁混入而成；像人参蜜、虫草蜜、天麻蜜、川贝蜜等"珍贵"产品，极可能是调配的。此外，蜂蜜膏、儿童蜂蜜、女人蜂蜜、老人蜂蜜等均为蜂蜜制品，是在蜂蜜中加入某些适合特殊人群的有益元素调制而成的，并非天然蜂蜜。

16. 深色蜂蜜好还是浅色蜂蜜好？

有媒体报道深色蜂蜜比浅色蜂蜜营养更丰富，因此，颜色成了不少人挑选蜂蜜的重要指标之一。其实，只要是蜂蜜，营养价值差异不是很大。颜色深浅主要是由蜜源植物的不同造成的，此外，还受到巢脾的新旧、储存时间、加工工艺等的影响。一般来说，蜂蜜的颜色和味道与蜂蜜的品种密切相关。如椴树蜜为浅琥珀色，清澈半透明；向日葵蜜为琥珀色；杂花蜜的颜色不固定，一般为黄红色；野桂花蜜、刺槐蜜、荔枝蜜、紫云英蜜等为水白色，颜色较浅；荞麦蜜、桉树蜜等为琥珀色，颜色较深。此外，蜂蜜颜色与养蜂过程中使用的蜂巢也有一定的关系，对于同一品种的蜂蜜，从旧蜂巢中产出的蜜，颜色会稍微深一些。蜂蜜的存储时间和温度也会影响其颜色，通常而言，高温环境中存储的蜂蜜颜色更容易变暗。颜色虽不能证明蜂蜜的营养价值，却是辨别真假的"法宝"。真蜂蜜中因含有花粉等成分，看起来不是很清亮，呈白色、淡黄色或琥珀色，以浅淡色为佳。假蜂蜜由于是用白糖熬成的或用糖浆冒充，故色泽鲜艳，一般呈浅黄色或深黄色，大家购买时一定要谨慎。超市中看到的蜂蜜是经过高温处理和过滤的，看起来色泽比较纯净。

17. 蜂蜜和蜂蜜制品有何区别？

在蜂蜜中添加了其他物质的产品称为"蜂蜜制品"。因此，消费者在选购蜂蜜产品时，要注意"蜂蜜"和"蜂蜜制品"的区别。如果是纯蜂蜜，商品标签的名称应为"蜂蜜"或"（某某花种）蜂蜜"，也可为"蜜"或"（某某花种）蜜"。比如，枣花蜜、椴树蜜、荆条蜜等。如果是蜂蜜制品，依据相关规定，应在标签上注明"调制（配）（蜂）蜜，或蜜膏（液）等"，超市售卖的儿童蜂蜜、老年蜂蜜、女人蜂蜜以及儿童蜜膏等均为蜂蜜制品。

18. 结晶的蜂蜜是不是真蜂蜜？

蜂蜜结晶是一种正常的物理现象，并不影响其品质。蜂蜜结晶是因为葡萄糖从蜂蜜中析出，形成结晶核，并逐渐壮大，形成结晶粒，许多结晶粒便构成了我们肉眼所见的结晶。一般来说，真正的蜂蜜都会有结晶现象，只是有些蜂蜜容易结晶，而有些不易结晶。结晶出现得快慢差异性很大，有的几个月就结晶，有的几年才结晶。通常，蜂蜜结晶与温度有直接关系，13 ~ 14℃时最易结晶。不同的蜂蜜，甚至同种蜂蜜结晶的状态也不一样，有粒粗、粒略粗、粒细和粒细腻等不同状态。通常条件下，结晶的速度越快结晶颗粒越粗，反之则较小。蜂蜜结晶并不影响品质和食用，不能将结晶作为判定蜂蜜真假的依据，还需要检测分析和综合判定。

19. 吃蜂蜜和吃糖有何差别？

蜂蜜和糖的组成均为碳水化合物，均为甜物质，均能为人体提供能量，难道吃蜂蜜就等于吃糖吗？其实不然，吃蜂蜜比吃糖更健康、更有营养。

首先，从组成上来说，白糖是由甘蔗和甜菜榨出的糖蜜制成的精糖，主要成分为蔗糖，蔗糖是葡萄糖和果糖通过化学键结合在一起的双糖，需要特定的消化酶把它分解为单糖才能被机体吸收利用。蜂蜜的主要成分为果糖和葡萄糖，都是单糖，不会对胃肠道带来过多的负担，更容易被人体消化吸收，快速补充能量。

其次，因为蜂蜜还含有18%左右的水分，同样重量的蜂蜜和白糖，蜂蜜提供的能量更少，仅为白糖的80%。而且，蜂蜜中果糖超过其他糖类物质的一半以上，果糖不会造成血糖的大幅升高。另外，由于果糖不宜被口腔内的微生物分解，所以食用蜂蜜后患龋齿之可能性低于蔗糖等传统常用甜味剂。

此外，除了葡萄糖和果糖，蜂蜜中含有多种酶类物质、氨基酸、维生素、矿物质、低聚糖、酚类成分等180多种对人体有益的微量营养成分，可以帮助机体清除自由基，避免自由基对机体造成伤害，可以延缓机体衰老，防止各种慢性病的发生，这是蔗糖所不能比拟的，而且不同品种的蜂蜜还具有各自的独特香味。

因此，选择食用蜂蜜更健康、更营养、蜂蜜是一种极适合老年人食用的保健品。中医认为，蜂蜜性甘味平，具有清热解毒、补中润燥的功效。现代医学研究发现，蜂蜜中含有多种微量元素，老年人经常食用蜂蜜，可预防高血压、心脏病，防治便秘，改善肝功能。

20. 蜂蜜含有激素吗？

蜂蜜是蜜蜂采集植物的花蜜或蜜露，经过与自身物质混合以后充分酿造而成的天然甜味物质，人类食用蜂蜜的历史有数千年之久。蜂蜜中的激素微乎其微，因为花粉含有微量的激素类物质，蜜蜂在采集和酿造蜂蜜时会带入少量的花粉，从而导致蜂蜜可能含有微量的激素。可以说，蜂蜜中的激素几乎检测不到，所以国内外也没有任何文献资料说明蜂蜜中含有激素，更何况任何动植物体内都含有激素，任何动植物体都需要激素。网上流传蜂蜜中含有激素不能食用的言论，没有任何科学依据。因此，蜂蜜中微乎其微的激素不会对人体产生任何危害作用，消费者可以放心购买食用。

21. 蜂蜜有无生熟之分？

蜂蜜在蜂巢中经过充分酿造即成为我们通常说的自然成熟蜜。而"生""熟"之说，是从中医角度来讲的，在中药调制中蜂蜜有生用和熟用之分，生用是指直接食用，而熟用一般是指经加热熬制后药用。我们日常生活中，一般是生用，生用有利于其天然成分的利用。

22. 我国的主要蜜源植物有哪些？

中国疆域广阔，植被众多，一年四季均有蜜源植物开花泌蜜，很适合养蜂。我国能够生产大宗商品蜜的全国性和区域性蜜源植物50多种，辅助蜜源植物数百种。东北地区主要大宗蜜源植物有椴树、油菜、胡枝子、向日葵；华北地区主要有荆条、枣树、刺槐；西北地区主要有枣树、棉花、油菜、向日葵、刺槐、百里香、老瓜头、荞麦、党参、枸杞；华中地区主要有油菜、紫云英、乌桕、黄荆、棉花、柃木；华南地区主要有荔枝、龙眼、山乌桕、蜡烛果、窿缘桉、鹅掌柴、米碎花；西南地区主要有油菜、白刺花、乌桕、黄荆、鹅掌柴、米碎花、野坝子、东紫苏。近年来，随着农业结构的调整和耕作方式的转变以及局部地区植被情况的变化，不同地区的蜜源情况也相应有新的特点，其中油菜在我国普遍种植，是一个全国性的蜜源植物。

23. 蜂蜜怎么分类？

对蜂蜜进行分类的意义在于使人们掌握其品种规格、性状特征及质量优劣，以利于生产、加工、流通、储运等各项工作的周密安排。同时，也是为了适应消费者对蜂蜜的消费需求。目前国内的蜂蜜主要按照以下几个方面进行分类。

（1）按原料性质划分　基本上可以分为两类：一类是花卉蜜，主要是蜜蜂采集花蜜酿制成的蜂蜜（图1-33）；另一类是甘露蜜，是蜜蜂采集

图1-33　蜜蜂采集花蜜（李建科　摄）

图1-34　蜜蜂采集甘露蜜

植物分泌的甘露和昆虫的含糖排泄物酿制成的蜂蜜（图1-34）。这两类蜂蜜从产量上比较，前者大大超过后者；从品质上比较，前者的色、香、味及营养价值都优于后者。

（2）按照蜜源植物种类划分　可分为单花蜜和混合蜜（百花蜜、杂花蜜）。各种单花蜜又按植物名称加以命名，如油菜蜜、紫云英蜜、荔枝蜜、棉花蜜、洋槐蜜、椴树蜜、荞麦蜜等。单花蜜因品种不同，其质量和性状差异非常显著，如刺槐蜜色、香、味俱佳，且不会结晶，在我国被列为一等蜜；而荞麦蜜色泽较深，并带有特殊的气味，食用时口感欠佳，只能划成等外蜜。混合蜜的形成，一是因蜜蜂在同一时期采集多种蜜源植物所致；二是在储存或加工环节上，由人为因素造成。虽然从营养价值角度分析，混合蜜并非都比单花蜜差，甚至要好于单花蜜，但是由于混合蜜在国际市场上销路不畅或售价偏低，因此，在生产上应尽量避免人为的混杂。

（3）按照生产规格划分　根据目前国内的蜂蜜生产现状来看，国内生产的蜂蜜规格主要可以划分为三大类，即分离蜜、压榨蜜和巢蜜，分离蜜就是通过摇蜜机甩出来的蜜，目前市售蜂蜜基本为分离蜜（图1-35），巢蜜就是在收获时割取蜜脾而得到的蜜（图1-36）。由于生产条件的改进，目前市售的蜂蜜主要为分离蜜和部分巢蜜，压榨蜜基本不存在。但是在非洲部分地区仍然有压榨蜜存在。

图 1-35　分离蜜（孟丽峰　摄）

图 1-36　巢蜜（孟丽峰　摄）

（4）按照物理状态划分　蜂蜜在常温常压下，呈现两种不同的物理状态，即液态和结晶态。刚从蜂巢中分离出来的蜂蜜均呈黏稠、透明或半透明胶状液体。储存一段时间后有的蜂蜜出现结晶体，流动性降低；随着时间的延长，有的蜂蜜会全部变成结晶体，如椴树蜜（图 1-37），这类蜂蜜称之为结晶蜜。对于那些不论储存多久都能够保持流动性较好的蜜，称之为液态蜜，如成熟的洋槐蜜。

未结晶椴树蜜　　　　　半结晶椴树蜜

完全结晶椴树蜜

图 1-37　蜂蜜的不同物理状态（孙辉　摄）

（5）按照色泽划分　无论是单一蜜源的纯蜜还是多种蜜源的混合蜜，它们通常都具有一定的颜色。蜂蜜的颜色与其采集的蜜源植物有关。不同的蜜源植物，所生产的蜜颜色不同。按照蜂蜜实际生产的色泽，可以将蜂蜜分为水白色、特白色、白色、特浅琥珀色、浅琥珀色、琥珀色及深琥珀色 7 个等级（图 1-38）。

24. 中蜂蜂蜜（土蜂蜜）和西蜂蜂蜜哪个好？

中蜂蜂蜜，是专指由中华蜜蜂即我国本土蜜蜂采集酿造形成的蜂蜜，一般也叫土蜂蜜。西蜂蜂蜜是指由意大利蜜蜂也叫西方蜜蜂采集酿造形成

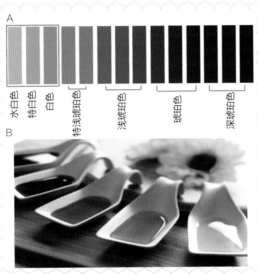

A

水白色 特白色 白色 特浅琥珀色 浅琥珀色 琥珀色 深琥珀色

B

图 1-38　蜂蜜的颜色等级（A 图孟丽峰绘，B 图引自网络）

A. 蜂蜜颜色等级分类标准　　B. 不同色泽的蜂蜜

的蜂蜜，目前市售蜂蜜没有特殊说明均为西蜂蜂蜜。无论是中蜂蜂蜜还是西蜂蜂蜜，都是蜜蜂通过采集花蜜加入自身分泌的转化酶及其他物质经过充分酿造形成的以单糖为主，并含有水、矿物质、维生素、蛋白质、氨基酸等成分的混合物质。因此就同一花种的蜂蜜而言，两者的营养价值无明显的差别。就杂花蜜而言，中蜂因采集低浓度、低温时期的花蜜，蜂蜜中含有更为齐全的花种物质、矿物质、氨基酸等，所以其营养价值比西蜂蜂蜜更高。其口感上因中蜂蜂蜜花种杂，物质更多，生物碱含量更多，所以会比西蜂蜂蜜更辣喉。中蜂采取鼓风排气散热，西蜂采取吸风散热，所以中蜂蜂蜜保留了更多的花蜜香味，吃的时候让人感觉口感更好。物以稀为贵，西蜂在中国的养殖数量远远大于中蜂，且单群产量远比中蜂高，加上中蜂蜂蜜香味更浓，所以中蜂蜂蜜比西蜂蜂蜜价格相对要高。

二、蜂蜜的医疗保健作用

1. 古今文献对蜂蜜功效的描述有哪些？

蜂蜜医疗功效的记载始于 2 000 多年前的《神农本草经》，此书把蜂蜜称为岩蜜、石蜜、石饴、蜂糖，称其"味甘、平，无毒，主心腹邪气、诸惊痫痉，安五脏，诸不足，益气补中，止痛解毒，除百病，和百药。久服，强志轻身，不饥不老，延年。"《本草纲目》记载蜂蜜入药之功有五："清热也，补中也，解毒也，润燥也，止痛也。生则性凉，故能清热；熟则性温，故能补中；甘而和平，故能解毒；柔而濡泽，故能润燥；缓可以去急，故能止心腹、肌肉、疮疡之痛；和可致中，故能调和百药，而与甘草同功。"国家中医药管理局组织编撰的《中华本草》和国家药典委员会编撰的《中华人民共和国药典》中对蜂蜜的功效有更确切的描述："性味：甘，平。归经：归肺、脾、大肠经。功效：补中，润燥，止痛，解毒。主治：外用生肌敛疮用于脘腹虚痛，肺燥干咳，肠燥便秘解乌头类药毒；外治疮疡不敛，水火烫伤。"

2. 蜂蜜的抗菌作用如何？

蜂蜜对大多数的革兰阳性菌、真菌、病毒有很好的抗性，其抗菌机理主要包括以下几方面：第一，蜂蜜的高渗透性，一般微生物的适宜生长渗透压为 3 ~ 6 个大气压的溶液，而蜂蜜含水量约 17%，质量分数约 83%，渗透压约 90 个大气压，这种高渗透压可导致细胞脱水、质壁分离，细胞死亡。第二，蜂蜜的酸性环境，蜂蜜的 pH 一般在 4 左右，细菌的最适生长 pH 为 7 左右，蜂蜜的酸性环境不适合细菌生长，从而起到抑制和杀灭细菌的作用。

第三，蜂蜜中的过氧化氢具有天然的抑菌活性，它能氧化巯基形成二硫键，使酶失活，使微生物不能正常代谢，从而起到抑菌的作用。第四，蜂蜜中的酚类、黄酮类化合物等非过氧化物对微生物具有一定的抑制作用。一般来说，深色蜂蜜的抗菌性比浅色蜂蜜的抗菌性强（图1-39）。

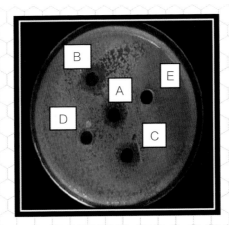

图 1-39　蜂蜜对葡萄球菌的抗性（Mohammed et al.，2016）

A. 100% 纯蜂蜜　B. 75% 蜂蜜溶液　C. 50% 蜂蜜溶液　D. 25% 蜂蜜溶液

E. 10% 蜂蜜溶液

3. 蜂蜜有抗氧化的作用吗？

蜂蜜的抗氧化能力主要与蜂蜜中的酚酸类、黄酮类、氨基酸的含量有关。大部分学者认为，蜂蜜抗氧化性主要与酚酸类多酚化合物有关，且酚酸类含量越高，清除自由基的能力越强。蜂蜜中黄酮类化合物含量约为 20 毫克 / 千克，主要是以糖苷和配基形式存在。黄酮类化合物的含量和种类因产地和蜜源植物的不同而不同。近期研究发现蜂蜜中脯氨酸的含量与自由基清除能力显著相关。此外，蜂蜜在储存和热加工的过程中，会发生美拉德反应产生羟甲基糠醛，它能够增强蜂蜜的抗氧化能力，一般来说深色蜜的抗氧化能力比浅色蜜的强。

4. 蜂蜜的抗炎抗感染作用如何?

通过小鼠动物试验模型,发现蜂蜜具有很好的抗炎作用。蜂蜜对结肠炎的治疗作用类似脱氢皮质甾醇(泼尼松龙),抗炎作用强。目前公认的蜂蜜抗炎作用的机理:一是蜂蜜能够抑制发炎的组织释放自由基;二是蜂蜜具有很好的抗菌抑菌的效果,能够减轻发炎的组织所受的感染。

5. 蜂蜜有抗癌抗肿瘤的作用吗?

癌症是目前威胁人类健康的一类重大疾病,目前普遍认为癌症的发病原因主要与免疫力低下、慢性炎症、慢性感染、长期未治愈的溃疡、肥胖等有关。蜂蜜作为一种天然营养物质,具有提高人体免疫力,抗氧化、抗炎、抗感染的作用,这对于癌症的治愈有很好的作用。而且蜂蜜中含有天然黄酮类化合物,能够激活 α-TNF(Tumor necrosis factor)信号通路(重要的肿瘤坏死通路),从而抑制细胞增殖,使细胞周期性停滞,诱导癌细胞死亡。同样,蜂蜜中含有的蜂王浆蛋白也具有抗肿瘤的作用。蜂蜜中多酚类化合物是雌激素的拮抗剂,通过和雌激素竞争,结合雌激素受体来调节雌激素的分泌,因此,对于雌激素依赖型肿瘤有很好的抑制作用,如乳腺癌、宫颈癌等。

6. 蜂蜜可以延缓衰老吗?

我国古代的《神农本草经》中即有关于蜂蜜抗衰老的记载,谓蜂蜜"久服强志轻身,不饥不老,延年"。在世界范围内,自古以来,蜂蜜抗衰老、延年益寿的作用，是受到普遍的高度重视的，大量的资料及实例说明了这个问题。这是因为蜂蜜含有的酚酸、黄酮、氧化酶类、类胡萝卜素、有机酸类等物质具有清除自由基、抗癌、抗炎、抗感染等作用，从而避免了有机体氧化和多种慢性病的发生。而且蜂蜜富含碳水化合物、氨基酸、蛋白质、维生素、矿物质等多种营养成分，能够滋养机体，增强人体免疫功能，调节酸碱平衡和防治多种疾病，从而起到延年益寿的作用。

7. 蜂蜜为什么能够促进伤口愈合？

蜂蜜可抑制细菌感染，提供湿性愈合环境和营养，促进肉芽组织生长，从而加快伤口愈合。蜂蜜促进伤口愈合的内在机制有以下三点：第一，蜂蜜的高渗透性和酸性抗菌作用；第二，蜂蜜中含有过氧化氢，过氧化氢可以抑制微生物生长；第三，蜂蜜中其他微量成分的作用。

8. 蜂蜜对胃肠道疾病有作用吗？

早在公元 8 世纪，《穆罕默德圣训》中就有蜂蜜治疗腹泻的记载。公元 25 世纪，《罗马医生》同样记载了用蜂蜜治疗腹泻。东欧和阿拉伯国家也有大量的关于蜂蜜治疗消化性溃疡、胃炎、肠胃炎等消化系统疾病的记载。蜂蜜治疗胃肠道疾病的原理主要有以下几个方面：第一，蜂蜜能够刺激副交感神经，促进肠胃蠕动。第二，蜂蜜能够增强胃液中过氧化物酶的活性，增强胃部微血管的通透性，从而抑制胃部溃疡面的增大。第三，蜂蜜能够维持非蛋白类巯基化合物（如谷胱甘肽）的水平。第四，蜂蜜中低聚糖能够调节肠道菌群，有利于肠道中双歧杆菌和乳酸杆菌的繁殖。

9. 蜂蜜对心血管疾病有改善效果吗?

蜂蜜能够改善人体微循环,提高血液中高密度脂蛋白含量,从而使血液中三酰甘油、低密度脂蛋白含量降低,显著降低患心脑血管疾病的概率。对 50 个患有心血管疾病的患者进行研究发现,每天服用 70 克蜂蜜,1 个月后发现,服用蜂蜜的患者总胆固醇降低 3.3%,低密度脂蛋白降低 4.3%,三酰甘油降低 19%。也有研究表明,蜂蜜能够促进肌体 NO 的产生。NO 是一种非常活跃的分子,它可以自由出入人体细胞,是一种重要的信号分子,具有抑制血小板聚集、平滑肌细胞增生、调节血管张力、介导细胞免疫等功能,在调节高血压、动脉粥样硬化、心力衰竭等心脑血管疾病方面发挥着重要作用。另外,炎症和感染是引起心脑血管疾病的主要原因,而蜂蜜具有抗炎抗感染的作用,对心脑血管疾病具有很好的预防作用。

10. 蜂蜜对于咳嗽的效果如何?

我国的《神农本草经》中将蜂蜜列为药中上品。中医认为,蜂蜜性味甘平,具有补中益气、润燥止痛、缓急解毒、安五脏、和百药等功效,可以营养心肌,保护肝脏,润肺止咳,还具有较强的杀菌和抑菌功能。民间很早就有用蜂蜜来治疗多种疾病案例,在不少止咳土方、偏方中,都少不了蜂蜜的参与,人们常会把它与同样具有润肺功效的鸭梨、白萝卜、百合等制成各种各样的食疗药膳。

11. 为什么说蜂蜜对便秘有特效?

蜂蜜能润滑肠胃,蜂蜜中的乙酰胆碱还能促进肠胃蠕动,是治疗便秘的良药。中医认为蜂蜜有很好的润燥和通便作用。蜂蜜是通过对肠壁的滋润达到通便作用，属于缓下，不仅对人体无损，还有滋养作用，特别适合儿童和老年人及体虚者。现代医学研究表明，蜂蜜中的低聚糖是肠道有益菌群繁殖的主要营养物质，长期吃蜂蜜可以调节肠道菌群，有效地防止便秘的发生。在便秘发生时服用蜂蜜，也可很快达到通便的目的。另有学者认为，蜂蜜之所以能够治疗便秘是由蜂蜜中的果糖不完全吸收造成的。

12. 蜂蜜对烧烫伤的治疗效果如何？

将 104 例烧伤患者分为试验组和对照组：7 天后，用蜂蜜治疗的试验组感染消失的占 91%，对照组低于 70%；15 天后，试验组痊愈者占 87%，对照组为 10%。Bangroo 等发现，蜂蜜试验组烫伤患者无过敏反应，与对照组相比，总体上愈合的平均病程更短，肉芽形成时间更早，感染病例也更少。柴志强使用自制的蜂蜜鸡蛋油对 100 例烫伤患者进行创面外敷，治疗发现全部患者在 3 周内完全愈合，且未留疤痕。邓武边采用蜂蜜对 3 例深 II 度烧伤患者进行外敷，1 个月后患者创面痊愈。苏忠和治疗发现，浅度烧伤的患者 35 天内开始生成新肉芽，大面积深 II 度烧伤的患者 4 ~ 6 天脓汁完全消失，6 ~ 20 天所有患者痊愈。詹行楷等试验结果显示，用蜂蜜治疗的白兔角膜上皮愈合情况比对照组（生理盐水滴眼）的愈合效果显著，且角膜水肿的消退情况也非常显著。

13. 蜂蜜滋润皮肤的效果如何？

蜂蜜有较强的润泽性，能吸收空气中的水分，可以较好地防止表皮表面的水分蒸发散失，而且蜂蜜含有果糖、葡萄糖、维生素、矿物质等多种营养物质，这些成分可以滋养表皮和真皮，并影响细胞代谢过程，促进皮肤生理平衡，有护肤、抗皱等作用。其中蜂蜜的糖类具有很强的保湿性，能滋润皮肤，防止皮肤干燥，使皮肤柔嫩有光泽。很多润肤的化妆品中都加入了蜂蜜，常见的产品有蜂蜜爽肤水、蜂蜜润肤膏等。

14. 蜂蜜可以清洁皮肤吗？

由于受自然、人为等方面的影响，人的皮肤表面往往会不同程度地受到污染，加之人体表面分泌物的沉积，为细菌的繁衍创造了条件，极易遭受某些细菌、污物的侵蚀和危害，造成脸部等皮肤表面不洁或发生某些病变。蜂蜜有较强的杀菌消炎作用，敷抹少量蜂蜜或蜂蜜与其他辅料配制的美容品，可以有效地抑制皮肤表面细菌的感染和存活，从而起到保护皮肤、清洁皮肤的作用，有利皮肤保持光洁、亮泽和旺盛的活性。

15. 吃蜂蜜真的可以提高记忆力吗？

大家都知道吃蜂蜜可以补充大脑营养、提高记忆力，但是对于吃蜂蜜为什么能够提高记忆力却不是很了解。下面我们来看一下蜂蜜究竟是如何提高记忆力的。首先，蜂蜜中含有一种特效成分乙酰胆碱，目前发现这种活性物质只在蜂产品中存在。每 100 克蜂蜜中含有 1 200 ～ 1 500 微克的乙酰胆碱。乙酰胆碱是一种重要的中枢神经递质，与人的学习能力和记忆能力直接相关，当乙酰胆碱含量高时，大脑传递信息的能力强，传递速度快，记忆力就强。相反，当乙酰胆碱含量低时，神经的传递能力就减弱，记忆力减退。医学研究表明，正常老年人脑内乙酰胆碱的含量比青年人下降 30%，老年痴呆患者下降 70% ~ 80%。蜂蜜中的乙酰胆碱不需要经过体内合成，直接能被人体神经细胞吸收利用。此外，蜂蜜中还含有大量的胆碱，大概是乙酰胆碱的 30 倍，胆碱在体内可以合成乙酰胆碱。胆碱在一些豆制品、坚果中含量也较高，这也就是人们说的为什么常吃坚果能健脑的一个原因。其次，人体大脑的能量消耗非常大，而且大脑只能利用葡萄糖而不能利用其他物质，蜂蜜中含有丰富的葡萄糖，为大脑提供了充足的能量，保证大脑各种信息传递的有效性，提高了大脑的活力，从而提高了记忆能力。

16. 运动后可以喝蜂蜜水吗？

　　蜂蜜的主要成分是葡萄糖和果糖，葡萄糖是人体主要的能量来源，运动员在剧烈运动后，血液中的葡萄糖浓度降低，而且胰岛素的分泌会增加，因此，维持正常的血糖水平是一件非常不容易的事。研究人员对运动员进行了试验，他们都在剧烈的负重训练后立即补充蛋白质及碳水化合物。运动后，一些人补充糖，一些人补充麦芽糖糊精，另一些人则补充蜂蜜。结果，只有喝蜂蜜的那组人在训练后 2 小时之内维持了理想的血糖含量，肌肉处于理想的恢复状态。

17. 吃蜂蜜会导致龋齿吗？

　　蜂蜜是一种高糖的物质，很多人担心吃蜂蜜会诱发龋齿。但是近期研究表明，蜂蜜诱发龋齿的概率远远低于蔗糖。目前公认的龋齿的发病原因主要包括细菌、口腔环境、宿主（包括寄生虫、病毒等微生物）和时间这四个因素。其基本原理是致龋性食物糖，特别是蔗糖、白糖和糖浆等精制糖紧紧贴附于牙面，形成一层膜，在适宜的温度下，细菌繁殖产生菌斑，菌斑深层产酸，侵蚀牙齿，使牙齿脱矿，进一步损坏有机质，形成龋洞。致龋菌主要有产酸菌和革兰阳性菌，蜂蜜虽然是一种含糖的物质，但是蜂蜜中的糖主要是葡萄糖和果糖，而且蜂蜜具有抗菌性，试验研究表明，蜂蜜对革兰阳性菌具有很好的抗性，能够抑制口腔细菌的繁殖，对牙齿起到保护作用。电镜研究发现，喝完果汁10分之后牙齿表面可以观察到明显的侵蚀现象，但是喝完蜂蜜0.5小时后依然观察不到侵蚀现象，这说明喝蜂蜜水比喝果汁等饮料还安全。

三、蜂蜜的储存与食用说明

1. 蜂蜜该如何储存？

由于蜂蜜呈弱酸性，易与金属制品发生反应，所以蜂蜜不要用普通金属器皿盛放，可以用不锈钢、搪瓷、玻璃、陶瓷、无毒塑料等材质的器皿盛放。蜂蜜具有吸水性强和吸异味的特性，若蜂蜜暴露在相对湿度较高的空气中，就会吸收空气中的水分而发酵。因此要密封储存，避免吸水发酵及串味。蜂蜜在常温下即可储存，储存环境要保持干燥、通风、无阳光直射、无异味，每次取食蜂蜜后，要将容器口盖好，以防污染。

2. 蜂蜜为什么会发酵？

蜂蜜是一种糖的过饱和溶液，一般的菌都无法在蜂蜜中生存，但是有一种耐糖酵母菌却可以在蜂蜜中生存。耐糖酵母菌在适宜的温度、水分条件下就可以生长繁殖，产生酒精和二氧化碳，在有氧条件下酒精分解为醋酸和水，使蜂蜜发酵酸败。蜂蜜发酵后表层有大量白色泡沫，变得更加稀薄，并带有酒味和酸味。导致蜂蜜发酵的原因主要是耐糖酵母菌、水分、温度。一般来说蜂蜜含水量大于 20%，蜂蜜的浓度小于 41 波美度，温度 23 ~ 26℃，蜂蜜最容易发酵。当蜂蜜的浓度大于 42 波美度，温度小于 11℃时蜂蜜很难发酵。蜂蜜发酵之后口感变差，但是并不影响食用，如果发酵不是很严重可以继续食用（图 1-40）。

图 1-40　蜂蜜发酵（孟丽峰　摄）

3. 什么时间服用蜂蜜比较科学？

蜂蜜的服用时间大有讲究，一般在饭前 1 ~ 1.5 小时或饭后 2 ~ 3 小时食用比较适宜。但对有胃肠道疾病的患者，则应根据病情确定服用时间，以利于发挥其医疗作用。科学研究和临床实践证明，蜂蜜对胃酸分泌有双重影响，可以调节胃酸分泌，使胃酸分泌活动正常。如在饭前 1.5 小时服用蜂蜜，它可抑制胃酸的分泌；如在服用蜂蜜后立即进食，它又会刺激胃酸的分泌。温热的蜂蜜水能使胃液稀释而降低胃液酸度，而凉的蜂蜜水却可提高胃液酸度，并能刺激肠道的运动，有轻泻作用。因此，胃酸过多或肥大性胃炎，特别是胃及十二指肠溃疡患者，宜在饭前 1.5 小时食用温蜂蜜水，不仅能抑制胃酸的分泌，而且能使胃酸降低，从而减少对胃黏膜的刺激，有利于溃疡面的愈合；而胃酸缺乏或萎缩性胃炎患者，宜服用冷蜂蜜水后立即进食；神经衰弱患者在每天睡觉前服用蜂蜜，可以促进睡眠，因为蜂蜜有安神益智和改善睡眠的作用。

4. 蜂蜜服用量多少合适?

服用蜂蜜的一般剂量是，成年人每天服用 60 ~ 100 克较为适宜，最多不可超过 200 克，分早、中、晚 3 次服用。以较大剂量为例，早晨 30 ~ 60 克，中午 40 ~ 80 克，晚上 30 ~ 60 克；儿童每天服用 30 克较好，分多次以温水冲服为宜。用于治疗时，2 个月为一个疗程，即可收到显著效果。服用量的大小，主要取决于服用蜂蜜的目的，正常情况下，用于治疗时用量稍大一点，保健时用量适当小一点，同时还需根据每个人的身体实际及具体情况灵活掌握，用量过小达不到相应的效果，用量过大也没必要，需因人适情而定。一般情况下，蜂蜜的食用量以每天一大勺为宜，直接沏水喝或涂抹在面包片等面点上，但不要高温加热。

5. 1 岁以内婴幼儿可以吃蜂蜜吗?

1 岁以内的婴幼儿不宜食用蜂蜜。婴儿肠、胃等器官还没有发育完全，蜂蜜中含有的肉毒杆菌孢子会在婴儿胃内繁殖，产生毒性，引起婴儿腹泻。但是对于 1 岁以上的儿童和成人，胃肠道发育成熟，肉毒杆菌孢子不会萌发产生毒性，所以可以安全食用。此外，天然蜂蜜中的花粉颗粒可能引起婴儿过敏反应，蜂蜜中的芳香物质可能会刺激肠、胃，引起不良反应，因此，建议 1 岁以内的婴幼儿尽量不要食用蜂蜜。

6. 孕妇可以吃蜂蜜吗？

蜂蜜营养丰富，可促进消化吸收，增进食欲，镇静安眠，提高机体抵抗力，对促进胎儿的生长发育有着积极作用。就孕妇本身来说，孕妇吃蜂蜜可以有效地预防妊娠高血压综合征、妊娠贫血、妊娠合并肝炎等疾病。同时，蜂蜜缓下通便，能有效地预防便秘及痔疮出血。另外，天然的蜂蜜可以作为润肤剂涂抹，可促进细胞新生，增强皮肤的新陈代谢能力，有效缓解妊娠纹的形成。

7. 孕妇不宜选哪些蜂蜜？

蜂蜜属天然滋养品，内含多种活性物质，孕妇适量吃蜂蜜能提高抗病力，对自己和胎儿的生长十分有益。不过，有个别蜂蜜的成分较特殊，孕妇喝后有一定风险，最好不选用。一般来说，以下蜂蜜孕妈妈应当慎服。①益母草蜜，因益母草蜜有活血调经的作用，服后有可能活血而伤动胎气，对孕妇和胎儿不利。②丹参蜜，丹参能"生新血、去恶血"，有活血、通经功效，孕妇不食为佳。③五倍子蜜，五倍子有止泻、收敛作用，孕妇易患痔疮、便秘，最好不服用，以免加重便秘便血。

8. 糖尿病患者能吃蜂蜜吗？

蜂蜜的主要成分是果糖和葡萄糖，虽然蜂蜜中含有相当比例的果糖，可以不受胰岛素的影响，不会引起血糖升高，而且蜂蜜中含有抑制血糖升高的成分——乙酰胆碱，但是蜂蜜中还含有大量的其他糖类物质，如葡萄糖，这是糖尿病患者应该控制的。因此，糖尿病患者吃蜂蜜应慎重。

9. 蜂蜜为什么不宜和感冒药同服？

蜂蜜成分复杂，用蜂蜜送服感冒药是不科学、不可取的做法。感冒药应与蜂蜜相隔 4 ~ 6 小时服用。蜂蜜含有的淀粉酶、氧化酶、还原酶、消化酶等酶类最有可能和感冒药当中的成分发生化学反应，从而影响药效，但不会危及生命或影响健康。蜂蜜中含有多种有机酸和无机酸，使蜂蜜呈酸性，pH 约为 3.9，这会使得对乙酰氨基酚发生水解反应，生成醋酸和氨基酚。其中醋酸又可以和蜂蜜中的各种矿物质发生反应生成沉淀，从而使感冒药失效。所以，感冒药应该用温开水送服。如果儿童怕药物的苦味，可用白糖替代蜂蜜冲水送服。

10. 为什么说"蜂蜜是老年人的牛奶"？

蜂蜜是很适合老年人保健的营养珍品。随着年龄的增长，人体对葡萄糖的利用率会显著降低，而对果糖的利用率则变化不大。这表明果糖和含果糖类的产品是老年人最理想的糖类食品，它不仅能为机体提供热量和营养物质，还是一种最适合的碳水化合物。蜂蜜中的糖主要为葡萄糖和果糖，是可以直接被人体吸收的糖，这就减轻了老年人的消化负担，而且它们的比例非常合适。一般来说，葡萄糖会迅速地被人体吸收，而果糖的吸收速度相对较慢，从而起到维持血糖的作用。另外，蜂蜜中含有很多的酶类、矿物质、维生素、有机酸，不仅可以增强老年人的抵抗力，还对老年性疾病有防治作用。老年人经常服用可以防治咳嗽、失眠、心脑血管疾病、消化不良、胃肠溃疡、便秘以及痢疾等。

11. 为什么提倡儿童膳食中加入蜂蜜？

儿童期正是人体发育成长阶段，需要大量的糖类来构成身体组织，所以人在儿童期特别喜欢也特别需要甜食。蜂蜜代替白糖，一方面可以降低儿童龋齿的发生（引起龋齿的细菌更容易利用白糖），另外研究表明，在膳食内适当加入蜂蜜，可以矫正某些营养缺乏症，补充铁、铜等元素，促进造血功能，增加血红蛋白，改善和减轻营养性贫血症状，增加消化吸收功能，提高抵抗力。不仅如此，蜂蜜中的其他营养成分，尤其是酶、维生素等物质吸收率也很高。由于1岁以内的婴幼儿消化系统发育不成熟，因此，1岁以内的婴幼儿不宜吃蜂蜜。

四、常见的蜂蜜偏方

1. 蜂蜜经典食疗验方有哪些？

蜂蜜在单独使用时营养价值高、保健效果好，具有补中益气、安五脏、调和百药、清热解毒、润燥滋阴、安神养心之功效，若能与其他食物或中药搭配使用，则能发挥更多的食疗和药疗作用。

干燥上火：用梨蒸水，然后加入2勺左右的蜂蜜，可达到润肺润燥的功效；或用银耳炖汤，再加入适量蜂蜜也能润肺止咳。

便秘：大米50～100克，香蕉200克，蜂蜜适量。将大米熬粥后，加入切成小段的香蕉，然后加入蜂蜜，待凉后食用，可润肠通便。

高血压：用鲜芹菜 100 ～ 150 克，蜂蜜适量。将芹菜洗净捣烂取汁，加蜂蜜炖服。每天服用一次可有效降血压。

冠心病：丹参 10 克，首乌 10 克，水煎取汁，冲蜂蜜 1 ～ 2 勺内服，对治疗冠心病有帮助。

抵抗力低下：早上起床后和晚上睡觉前，喝牛奶时加入一小勺蜂蜜，可起到抗疲劳、增强抵抗力的效果；或用灵芝 10 克煎水后，取汁加入蜂蜜也可起到增强抵抗力的效果，特别适合癌症患者手术后食用。此外，用人参泡水，加入蜂蜜 1 勺，能益气补气。

眼睛干：用菊花 3 克和枸杞 10 克泡水后，加入 2 勺蜂蜜，可明目、养肝肾。

慢性咽炎：用麦冬 10 克、桔梗 10 克、甘草 3 克泡水后，加入蜂蜜，对缓解慢性咽炎有帮助。

腰痛肾虚：核桃 5 个，蜂蜜 2 勺。将核桃仁加水煮 15 分，加入蜂蜜可补肾健脑；或用油将核桃炒黄，然后加入鸡蛋，再加入蜂蜜，也能达到同样的效果。

2. 如何用蜂蜜治便秘？

单纯的温水冲蜂蜜也可以，另外如果加点果醋的话对我们一天的代谢、精神都非常有好处，也可以用点黑芝麻，将它炒熟以后，拿蜂蜜拌上，不仅治便秘，而且还让头发乌黑亮泽。还有一个老年人用的方，就是一半蜂蜜一半香油，长期吃可以改变肠道的菌群。由于饮食结构不正常，会造成肠道菌群的失调，失调以后双歧杆菌和乳酸菌这些健康的菌少了，就出现梭状芽孢杆菌，它的代谢产物类似于雌激素，美国科学杂志曾登了一篇文章，就发现很多乳腺癌患者都是便秘患者，因为类似于雌激素的代谢产物就攻击乳腺，所以也就是说便秘是万病之源。

3. 如何用蜂蜜防治手足皲裂？

冬春因气温较低，皮肤干燥角化，户外劳动时易发生手足皲裂，如裂口深还会出血及继发感染，局部肿痛，行动不便，影响工作。土办法用黑膏药或橡皮膏局部粘贴，这只能减轻症状，不能根治。笔者用蜂蜜涂于皮肤表面，可形成一层薄膜，以缓和外来的刺激，且有收敛作用。蜂蜜无油性，能吸收皮肤分泌物，故可防治手足皮肤皲裂。具体操作方法是，用温热水浸泡手足，然后每天于裂口处涂蜜1～2次。容易手足皲裂和皮肤粗糙的人，每天涂蜜少许于好发部位，可以预防。

4. 如何用蜂蜜治疗小儿尿布性皮炎？

由于屎尿处理不及时或尿布粗糙，小儿腿裆、屁股容易发红浸润，严重时溃烂，胖小儿颈部也可发红浸润。治疗方法是处理屎尿要及时，不用粗糙尿布；用温水洗净患处，但不必用肥皂，以免刺激；洗后于患处涂蜜，薄薄一层，每天2～3次。

5. 如何用蜂蜜治疗冻伤冻疮？

对有炎症及分泌物的冻疮，用熟蜂蜜与黄凡士林等量调成软膏，薄薄地涂于无菌纱布上，敷盖于创面，每次2～3层。一般用药3次后疼痛及炎症渐趋消失，再敷数次可望痊愈。对于冻疮，先用温水洗涤患处，然后涂蜜包扎，间日换 1 次。若未破溃，可不包扎，仅涂蜂蜜即可。

6. 蜂蜜如何用作外科敷药？

用蜂蜜做外科敷药，适应久治不愈的慢性伤口、溃疡褥疮、手术切口感染或不愈合、化脓性伤口形成的溃疡、烧伤及烫伤、肛门裂、阴囊裂等多种外科伤口。先将伤口用生理盐水洗涤，除去脓汁及坏死组织，然后将高浓度蜂蜜涂于创口。为防止流失，蜜涂得稍厚一点，用胶布整块封闭创面，外盖纱布，每 2 ～ 3 天换药 1 次。换药时洗去分泌物重新涂蜜包扎。分泌物多的伤口可每天换药 1 次。还可用 10% 蜂蜜水冲洗伤口及瘘管，然后涂蜜。

7. 蜂蜜如何眼科外用？

急慢性结膜炎、角膜溃疡，石灰及其他酸碱引起的眼部烧伤等，均可用 10% 蜜汁冲洗，或用细腻的植物油做基质配成 30% 蜂蜜眼膏涂于结膜囊内。直接涂蜜也可，但注意浓度高对眼有刺激。

8. 蜂蜜如何口腔外用？

治口腔黏膜溃疡、牙龈病、口腔炎、咽喉炎，用 10% 蜜汁含漱或涂蜜治疗，可消炎止痛，对小儿口腔炎效果尤佳。治口臭，取甜瓜子研粉，用蜂蜜拌和成丸，漱口后含枣大一块，常含可消除一般口臭。治口腔黏膜引起的口臭，取可可粉适量，用蜂蜜调成糊状，每次一茶匙，置口中慢慢含咽，每天数次。

9. 蜂蜜如何鼻病外用？

慢性鼻炎、鼻窦炎可用10%蜜汁冲洗，有滋润、消炎作用，使鼻痂变软，容易擤出，使臭味减轻或消除。还可用10%蜜汁雾化吸入，对鼻、上呼吸道、气管有效。蜂蜜有消炎作用，直接向鼻腔涂蜜亦有效。

10. 蜂蜜如何治疗烧烫伤？

用蜂蜜涂于烧烫伤创面，能减少渗出液、减轻疼痛、控制感染、促进愈合。早期每天 2 ~ 3 次或 4 ~ 5 次，结痂后改为每天 1 ~ 2 次。

11. 蜂蜜如何治疗溃疡与外伤？

慢性溃疡可试用10%蜜汁洗涤疮口，用纯蜜浸渍的纱布敷于创面，间日换 1 次。皮肤、肌肉外伤亦可用此法。

12. 蜂蜜治疗心绞痛有哪些偏方？

蜂蜜可使心血管扩张，改善冠状动脉的血液循环。下面介绍几款用蜂蜜和中草药配伍治疗冠心病的验方。

（1）蜂蜜青柿子

配方：蜂蜜 2 千克，七成熟青柿子 1 千克。

制作与用法：将去了蒂、柄的青柿子切碎，捣烂，榨汁，倒入砂锅，先以武火煎一阵子后，改用文火收稠液体，加入蜂蜜后熬至浓稠，冷却后装瓶备用。每次 1 汤匙，日服 3 次，用开水冲服。

（2）蜂蜜姜汁

配方：蜂蜜 30 克，生姜汁 1 汤匙。

制作与用法：将蜂蜜、生姜汁用温开水调匀，顿服。此方适用于冠心病心绞痛。

（3）蜂蜜银杏粉

配方：蜂蜜 100 克，银杏粉或银杏叶粉 50 克。

制作与用法：将银杏粉调入蜂蜜中，每次 10 克，日服 3 次。15 天为一个疗程。

（4）蜂蜜首乌丹参汤

配方：蜂蜜、首乌、丹参各 25 克。

制作与用法：先将首乌、丹参用水煎，去渣取汁，加入蜂蜜并搅拌均匀。分 3 次服用，每天 1 剂。

（5）蜂蜜鲜李子

配方：蜂蜜 30 克，鲜李子 50 克。

制作与用法：将鲜李子洗净，水煎 20 分，去渣取汁，加入蜂蜜后煮沸，离火。此为 1 日量，分 2 次服下。

五、蜂蜜美容验方

蜂蜜中含有多种酶类、维生素、微量元素，有刺激生长和促进新陈代谢的作用。皮肤涂蜜后有滋润、营养和保护皮肤的作用，可使皮肤洁白、细腻、营养良好，是巧夺天工的天然美容剂。蜂蜜加 10 倍量的水稀释，然后涂于面部、颈部、双手。全身皮肤美容用蜂蜜也最合适，可用稀释 15 ～ 20 倍的蜂蜜水，涂于全身，30 分后洗去，每天 1 次。也可用蜂蜜做厚面膜和薄面膜。蜂蜜还可消灭表皮的细菌、病毒及其他微生物，对面部干涩、起皱及面部的疖子、痱子、痤疮等具有一定的治疗作用（图1-41）。

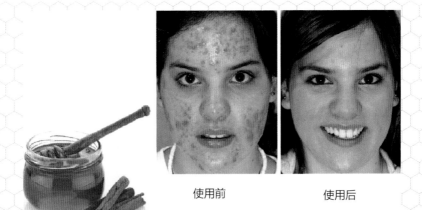

使用前　　　　　　　使用后

图1-41　蜂蜜和肉桂对粉刺的治疗效果

1. 如何制作蛋清蜂蜜面膜？

取鸡蛋清放碗中搅动至起泡，加入蜂蜜调匀即可。清洗面部和手部后，将调制的蛋清蜂蜜均匀地涂抹在面部和手上，使其自然风干，30分后用清水洗净，每周2次。同时伴以按摩，可刺激皮肤细胞加快养分吸收，促进血液循环，有利于增强美容效果。蜂蜜能润肤，蛋清有收缩毛孔和美白的作用，将两者搭配，长期使用，眼角、嘴角的皱纹，甚至抬头纹都会变不见，更重要的是滋养、美白的效果难以被忽视（图1-42）。

2. 如何制作胡萝卜蜂蜜珍珠粉面膜？

先把珍珠粉倒入调膜的碗里，把胡萝卜洗净切成小块，放入榨汁机，然后在榨汁机里稍微加一点矿泉水榨汁。榨汁完成后用干净的纱布滤汁。

图 1-42　自制蜂蜜蛋清面膜

在过滤好的胡萝卜汁中加入蜂蜜，搅拌均匀后，慢慢倒入盛有珍珠粉的碗里，搅拌均匀直到成糊状即可。洁面后，把面膜涂抹在脸上，20 分后清洗干净。做完面膜后，感觉皮肤光滑、紧实、有弹性。此款面膜可以延缓皮肤衰老，还能使皮肤自然、白皙、透明、有光泽。

3. 如何制作蜂蜜牛奶美白面膜？

将奶粉、蜂蜜、鸡蛋清混合，搅匀后涂于脸上 10 ~ 15 分洗去，每天 1 次。此面膜能营养皮肤，防止面部皱纹，促使皮肤白嫩。每天在洗澡前把全身皮肤洗干净后涂抹一些蜂蜜，洗澡的时候蒸汽就会把蜂蜜蒸入毛孔。这样你的皮肤不但可以美白而且还会变得很细腻，让你拥有婴儿般滑润的皮肤（图 1-43）。

4. 如何制作蜂蜜橄榄油面膜？

取蜂蜜 100 克和橄榄油 50 克混合，加热到 40℃，搅拌，使之充分混

图 1-43　自制蜂蜜牛奶面膜

合均匀。用时将混合膏涂到纱布上，覆盖于面部，20 分后揭去洗净，每周 2 ~ 3 次。此面膜能防止皮肤衰老、消除皱纹、润肤祛斑，皮肤干燥者尤为适宜。

5. 如何制作红酒蜂蜜面膜？

将一小杯红酒加 2 ~ 3 勺蜂蜜调至浓稠的状态后，均匀地敷在脸上，八分干后用温水洗干净。注意，酒精过敏的人慎用。红酒中的葡萄酒酸就是果酸，能够促进角质新陈代谢，淡化色素，让皮肤更白皙光滑。蜂蜜具有保湿和滋养的功效。

6. 如何制作西红柿蜂蜜面膜？

西红柿 1 个，蜂蜜适量。将西红柿洗净切碎榨成汁，加入适量蜂蜜，调和均匀，涂抹于面部，待干后用清水洗去。每天早晚各敷 1 次，每次 20 ~ 30 分。

7. 如何制作黄瓜蜂蜜面膜?

鲜黄瓜 1 根,蜂蜜 1 匙。将黄瓜洗净榨汁,与蜂蜜调和均匀,涂抹于脸上,待 20 ~ 30 分后用清水洗去;或将黄瓜切成薄片蘸上蜂蜜,贴于面部,每天早晚各 1 次。这款自制蜂蜜面膜除抗皱祛皱外,还具有营养皮肤、增强皮肤弹性的作用。

8. 如何制作甘油蜂蜜面膜?

取 1 份蜂蜜,0.5 份甘油,3 份水,加适量面粉调和后,制成面膜,每次在脸上敷 20 分左右,再用清水洗净,可使皮肤滑嫩、细腻。

9. 如何制作葡萄汁蜂蜜面膜?

在 1 匙葡萄汁中加入 1 匙蜂蜜,边搅拌边加入面粉,调匀后敷面,10 分后用清水洗去,油性皮肤常使用此法,能使皮肤滑润、柔嫩。

10. 如何制作珍珠滋养美白面膜?

珍珠粉加入蜂蜜和黄瓜汁,搅拌成糊状敷面,不要太稀,上面最好敷一张面膜纸,20 分后洗掉。在做面膜之前如果能用热水或蒸汽蒸脸 5 分,使毛孔打开,效果会更好。

11. 如何制作牛奶蜂蜜奇异果面膜?

先将奇异果用榨汁机打碎榨取汁液,然后与牛奶、蜂蜜混合在一起,敷面 15 ~ 20 分。因为这个面膜不是糊状,所以可以在敷面的过程中加以按摩,效果更好。

12. 如何制作蜂蜜柠檬面膜？

取蜂蜜 10 克隔水加热至 60℃，加入柠檬汁 10 毫升调匀。洗脸后均匀涂于面部，20～30 分后洗去，每天 1 次。此面膜可促使皮肤白嫩。

13. 如何制作酸奶蜂蜜面膜？

酸牛奶、蜂蜜、柠檬汁各 100 毫克，加 5 粒维生素 E 调匀，敷面并保留 15 分，然后用清水洗净。此法可促进表皮上的死细胞脱落、新细胞再生，从而达到健美皮肤的目的。

六、蜂蜜养生食谱

1. 防治感冒的蜂蜜良方有哪些？

（1）蜜姜茶　蜂蜜姜汁按 1∶1 的比例，加适量温开水后饮用，1 天若干次，治愈为止。本方适用于普通的病毒性感冒。

（2）柠檬蜜茶　柠檬 1 个，将柠檬榨汁，加入 800 毫升的温开水中，再加 30 克蜂蜜拌匀，为 1 天的用量。主治流感和普通感冒。

（3）鲜蜜红茶　新鲜蜂蜜 60 克，红茶适量。用蜂蜜水冲红茶饮用。可治普通感冒和流感。

（4）蒜蜜茶　蜂蜜和大蒜若干，把大蒜剥皮、洗净、磨碎，加适量的蜂蜜混匀。每天 2 次，每次 1 汤匙蒜量，用温开水冲服。

（5）白菊茶　杭白菊 9 克，蜂蜜与蜂胶原液各适量，用沸水冲泡菊花，待水温降至 40℃时加入蜂蜜 15 克和蜂胶原液 2 毫升混合后饮用。

2. 蜂蜜蔬菜汁食疗方有哪些？

蔬菜汁富含维生素 C，是天然健康饮品，如果在蔬菜汁中加入适量的蜂蜜，不仅可以调味而且保健作用更好，下面向您推荐几种有保健作用的蜂蜜蔬菜汁做法。

（1）蜂蜜黄瓜汁　取黄瓜适量，洗净后榨取汁液，一玻璃杯黄瓜汁加入蜂蜜 1 小匙调匀。每天服 2 ~ 3 次，可润肠通便、健肾利尿。老年人久服可防止毛发脱落及甲状腺功能亢进。

（2）蜂蜜白萝卜汁　蜂蜜 40 克，白萝卜 200 克。白萝卜榨取汁液，加入蜂蜜搅匀。早晚分 2 次服下。对久咳、贫血及肾气亏虚和支气管炎等症有效。

（3）蜂蜜胡萝卜汁　蜂蜜 40 克，胡萝卜 250 克。榨取胡萝卜汁液，加入蜂蜜，搅拌均匀。早晚空腹时分 2 次以温水送服。此汁具有健身强体、健胃消食的作用，对各种维生素缺乏症有效。

（4）蜂蜜番茄汁　蜂蜜 40 克，番茄 100 克。将番茄榨汁，加入蜂蜜搅匀。早晚空腹分 2 次用温开水冲服。增进食欲，提高精力，并有维持酸碱平衡、促进造血功能的作用。

（5）蜂蜜南瓜汁　蜂蜜 45 克，南瓜 200 克。榨取南瓜汁液，加入蜂蜜搅匀。早晚空腹分 2 次温开水冲服。有利尿、减肥、软化血管的作用，并有镇静安眠、解除困乏的功效，对心血管疾病、肥胖病、肝脏与肾脏疾病，以及各种水肿都有辅助治疗作用。同时兼具利尿和镇静的作用，还可辅助治疗前列腺癌。

（6）蜂蜜芹菜汁　蜂蜜 45 克，芹菜 150 克。榨取芹菜汁液，对入蜂蜜搅匀。早晚空腹分2次温开水冲服。有通便、减肥、排毒作用，对心血管及神经系统有补养功效，还适用于便秘、病毒性肝炎等疾患的治疗，对尿道结石、前列腺炎、皮炎等都有良好的辅助治疗作用。

3. 如何制作蜂蜜红枣茶？

原料：适量的干大枣，适量陈皮，适量蜂蜜，水。

制作方法：

1）先将红枣清洗干净，挖掉里面的核，然后将陈皮切成细丝冲洗干净。

2）将红枣、陈皮丝放到锅中，再加进水，没过材料即可，使用大火煮开，再转为小火煮。

3）等到水分熬得差不多了，红枣变软之后将红枣按压成泥。

4）等到自然晾干之后，放进容器当中，加进蜂蜜搅拌均匀。

5）密封并放置冰箱存储，每次饮用冲调即可。

功效：红枣有补血美容的功效，加上蜂蜜滋润的效果，可令肤色水润白皙。

4. 如何制作蜂蜜柠檬水？

原料：柠檬1个，蜂蜜500毫升。

制作方法：

1）柠檬用水打湿，表面抹上一层食盐，轻轻摩擦片刻，用水冲洗干净，并切掉柠檬两头。

2）柠檬切成两半，再切成薄片，以一层柠檬、一层蜂蜜的方式放进干净的玻璃瓶或者是密封瓶中。

3）拧紧瓶盖，放进冰箱中冷藏 5 ～ 7 天即可冲调（图 1-44）。

图 1-44　蜂蜜柠檬水

功效：早上或者是下午 3 ～ 4 点皮肤缺水时饮用效果最好。长期饮用，祛斑美白的效果是非常的明显。而且还能排出身体多余的毒素，可以减轻电脑辐射对脸部的伤害程度，让你轻松做个"水美人"。

制作提醒：

1）用食盐摩擦柠檬表面有除菌的功效。切柠檬的时候捏住两边，这样切出来的柠檬片比较完整，柠檬汁也不会溅出来。

2）由于柠檬的酸性很强，所以蜂蜜不要放得太少了，不然泡出来的蜂蜜水会很酸的。1 个柠檬加 500 毫升的蜂蜜，泡出来的柠檬水是酸甜可口的，也可以按照自己的口味适当地增减。

3）冲调柠檬和蜂蜜的时候不要用热水，由于蜂蜜中含有酵素，遇上热水会释放过量的羟甲基糖酸，使蜂蜜中的营养成分被破坏。

5. 如何制作蜂蜜柚子茶？

原料：柚子 1 个，蜂蜜适量。

制作方法：

1）将柚子洗净，用温水泡 5 分。

2）把柚子晾干，削下表皮切成细丝，把果肉去皮去籽，用搅拌机打成泥状。

3）将果肉泥和皮全部倒入干净的锅中，加少许水、冰糖，一边煮一边搅拌，熬至黏稠即可。放凉后加入蜂蜜拌匀。

4）把柚子茶放入洗净的容器中密封，放置 10 ～ 15 天即可食用。

功效：蜂蜜中含有的 $L-$ 半胱氨酸具有排毒作用，经常长暗疮的人喝后有缓解的效果。柚子含维生素 C 比较多，有一定的美白作用。

蜂蜜柚子茶能将这两种功效很好地结合起来，清热降火，嫩白皮肤。尤其适合天天面对电脑辐射、皮肤遭受辐射损伤、气色暗淡的白领女性。

6. 如何制作蜂蜜绿豆薏仁汤？

原料：薏苡仁、绿豆各 80 克，蜂蜜 10 克。

制作方法：

1）绿豆、薏苡仁洗净，放入锅内，加适量水，用文火炖至熟，焖数分。

2）等汤冷却到 40℃ 以下调入蜂蜜饮用，因高温会破坏蜂蜜中生物酶等营养成分。

功效：绿豆可清热解毒、利尿消肿，薏苡仁则可以健脾止泻，轻身益气，对于经常需要熬夜的工作者非常有帮助。

7. 如何制作枸杞红枣蜂蜜汤？

原料：枸杞 30 克，红枣 8 克，蜂蜜 20 毫升。

制作方法：先将枸杞洗净，浸泡 10 分，红枣洗净去核，一起放入锅内，加水 500 毫升，熬煮 20 分。晾凉后加入蜂蜜拌匀即可食用，每天 2 次。

功效：补肝滋肾，养血明目，适用于肝肾阴虚引起的头昏目眩、视力减退、耳鸣耳涨、腰膝酸软、脱发及肠燥便秘。慢性胃肠炎和腹泻者少服。

8. 如何制作菊花蜂蜜饮？

原料：干菊花 50 克，麦冬 15 克，蜂蜜适量。

制作方法：取干菊花、麦冬加入清水煮沸后，滤去菊花及麦冬，晾凉后加入蜂蜜适量，搅拌溶解后即成。

功效：此饮清爽香甜可口，具有养肝明目、生津止渴、健脑润便和消除疲劳之功。菊花蜂蜜饮，可以令你提神醒脑，充满活力。

9. 如何制作玫瑰花蜂蜜茶？

原料：干玫瑰花几朵，蜂蜜适量。

制作方法：取干玫瑰花几朵，撕碎后用开水冲泡，待水温降至 40 ～ 50℃时，加入蜂蜜适量，即可饮用。

功效：长期食用，可使皮肤变得光滑细腻，富有弹性。

10. 如何制作蜜饯花生卷？

原料：蜂蜜 300 克，奶粉 300 克，花生油 200 克，熟花生米（压成颗粒状）150 克，奶油 125 克。

制作方法：先将蜂蜜、花生油和奶油混合在一起，边搅拌边加入奶粉，搅匀后再加入花生米。然后将配好的料放于盘中置冰箱内，冷却定型即可食用。

11. 如何制作蜂蜜木薯淀粉布丁？

原料：玉米粉 100 克，肉桂 5 克，细木薯粉 100 克，生姜（粉）5 克，糖 60 克，热牛奶 600 克，食盐适量，蜂蜜 150 克。

制作方法：先将玉米粉、细木薯粉、糖、肉桂和生姜（粉）等配料混合搅匀，倒于烤盘（涂有油脂）中，上面再倒上牛奶、蜂蜜，置烤箱中，于 135℃下烘烤至呈黄色为止。

12. 如何制作蜂蜜酸奶？

原料：牛奶 1 500 克，蜂蜜 150 克，酸奶 1 瓶。

制作方法：牛奶加入容器中煮沸。离火后晾凉至不烫手为度，加入酸奶搅拌均匀，分装到预先消过毒的玻璃杯中，盖上一层油纸，再盖上厚布，在 25℃左右的环境中发酵。约 3 小时，牛奶凝固后即可食用。食用时加入适量蜂蜜（按比例配加）拌匀。

13. 如何制作蜂蜜南瓜小甜饼？

原料：蜂蜜 3/4 杯，南瓜（擦丝）1 杯，鸡蛋 2 枚，植物油 0.5 杯，面粉 2.5 杯，面包粉 4 调羹，桂皮 1 调羹，肉豆蔻 0.5 调羹，无核葡萄干 3/4 杯，坚果仁 3/4 杯，食盐 1 调羹，蜂蜜 0.5 调羹。

制作方法：先把植物油和蜂蜜混合打成乳状，加鸡蛋搅匀。然后取蜂蜜与南瓜混合后，加到上述混合物中继续搅拌，拌匀后加入面粉、面包粉、盐、桂皮、肉豆蔻，再充分搅拌。然后加入葡萄干和坚果仁，轻度冷冻30分，再将其倒入涂有油脂的烤盘上，置于152℃的烤箱中烘烤15～20分即可。

14. 如何制作蜜汁山楂？

原料：山楂若干，香油适量，蜂量适量，白糖适量，桂花酱适量。

制作方法：将山楂用水洗净，放入锅内加上清水（水要浸过山楂），用中火煮至五成熟时捞出，用细铁管捅去山楂核，再剥去外皮，用水冲洗干净。炒锅洗净，置中火上，放入适量香油、白糖同炒，待糖汁炒至浅红色时，加入适量水、蜂蜜，溶化后加入山楂，煮沸后用小火熬制，待糖汁浓稠时，放入桂花酱，淋上香油，拌和均匀，即可出锅装盘。

15. 如何制作蜂蜜王浆液？

原料：蜂蜜40克，鲜蜂王浆5克。

制作方法：将鲜蜂王浆与蜂蜜搅拌均匀，早晚空腹时分2次温开水送服，也可在清晨空腹时一次服。可增加食欲、改善睡眠，增强体质和免疫力。长期服用可延年益寿。

专题二

蜂花粉

　　蜂花粉不仅携带着生命的遗传信息，而且包含着孕育新生命所必需的营养物质，是能量的源泉。花粉的英文"Pollen"的本意就是"强大的、充沛的"。因此，蜂花粉常常被誉为"全能的营养库""浓缩的天然药库""内服的化妆品""浓缩的氨基酸"等，是人类天然食品中的瑰宝。

一、蜂花粉概述

1. 什么是蜂花粉?

　　蜂花粉(图2-1)是蜜蜂从被子植物雄蕊花药和裸子植物小孢子叶上的小孢子囊内采集的花粉粒,经过蜜蜂加工而成的花粉团状物。常见蜂花粉品种有油菜花粉、茶花粉、荷花粉、玉米花粉、向日葵花粉、紫云英花粉、芝麻花粉、荞麦花粉等。蜜蜂采集的一般称为虫媒花粉;还有一种是通过风来授粉的花粉,如松花粉,就属于风媒花粉。

图2-1　蜂花粉

2. 蜜蜂是如何采集花粉的?

　　采集花粉的工蜂用上颚和前足将花朵中雄蕊上的花粉粒刮下来,同时用口中的分泌物(转化酶、淀粉酶)以及蜂蜜将花粉润湿,使花粉黏住。如果花粉特别多,蜜蜂全身绒毛之间沾满花粉。当蜜蜂从一朵花飞向另一朵花的途中，其三对足便协调地活动着，前足将头部的花粉刷下来；中足将胸部的花粉扫刷下来并接受由前足刷下来的花粉；后足刷集腹部的花粉，并接受中足传递过来的花粉。然后交替动作，将花粉传到花粉靶上，很快通过夹钳巧妙的挤压动作，将花粉推进花粉筐内。蜜蜂的采集动作相当快，1/3 或 1/2 秒的时间就可以向两后足的花粉筐各推进一个小花粉球。经过不断装载，直到两个花粉筐装满，形成两个花粉团，方满载而归（图 2-2）。蜜蜂回到蜂巢中之后利用中足上的长刺将后足上的花粉卸载下来，并放入蜂巢中，用头部压实。蜜蜂采集的花粉团平均粒重为 8 毫克，蜜蜂需要访问 200 余朵花才能完成。在粉源充足的情况下，蜜蜂一天可以采集约50 000 粒花粉。

图 2-2　蜜蜂采集花粉

3. 蜂花粉是怎么生产的？

蜂花粉是蜜蜂从植物花的雄蕊上采集的花粉粒。花粉粒是微小颗粒，直径只有几微米到几十微米，最大的也不过几百微米，人的肉眼也不易看清。蜜蜂采集这么小的花粉粒是用身上的绒毛黏附花粉（图 2-3），然后用前足和中足梳刷在一起，加入花蜜和唾液合成花粉团，装在后足两侧的花粉筐内，带回蜂巢。养蜂人在蜂箱门口安个脱粉器，蜜蜂一钻进蜂箱，其腿上的花粉团就被脱了下来，落入积粉盒，然后被收集起来，经过干燥、筛选、除菌，就成了商品蜂花粉（图2-4）。

图2-3 蜜蜂采集花粉

图2-4 人工收集花粉

4. 蜂花粉的颜色和味道是怎样的？

蜂花粉因采集植物的不同而呈现出由白色到深黑色的不同颜色，大部分蜂花粉是淡黄色或淡栗色（图2-5）。如采自油菜、玉米、南瓜、丝瓜、棉花等植物的蜂花粉为黄色，采自芝麻、党参的蜂花粉呈白色，采自向日葵、紫云英、茶树的为橘红色，采自乌桕、野玫瑰的为橘黄色，采自荞麦的为暗褐色。

图 2-5　蜂花粉

鲜蜂花粉一般都有其特殊的辛香气息，味道各异，多有苦涩味。如荞麦花粉闻起来微臭，味甜；油菜花粉芳香，但味稍苦涩；荷花粉和茶花粉味清、香甜；芝麻花粉味微甜，苦、辣喉。

5.蜂花粉中主要营养成分有哪些？

蜂花粉是营养价值极为丰富的天然产物，富含蛋白质、碳水化合物、矿物质、维生素和各种天然活性物质等（表 2-1），目前已经确定的花粉组分约 424 种。蜂花粉中所含成分大致为：蛋白质 7 种，占花粉干物质的 7.3% ~ 35%；游离氨基酸 10 种，占干物质的 1% ~ 2%；碳水化合物 26 种，主要有单糖、低聚糖和多糖三类，占干物质的 15% ~ 45%；纤维素占干物质的 4.2% ~ 15.6%；脂类 101 种，占干物质的 1% ~ 15%；矿物质 55 种，占干物质的 2% ~ 6%；维生素 18 种，酶类 104 种，黄酮类 38 种，胡萝卜素 31 种，生长素 6 种，雌雄激素 7 种以及核酸等。

表 2-1　蜂花粉主要成分及含量

主要成分	含量（克 /100 克干重）
蛋白质	10 ~ 40

主要成分	含量（克/100克干重）
脂类	1 ~ 13
总碳水化合物	13 ~ 55
粗纤维，果胶	3 ~ 20
灰分	2 ~ 6
未知物质	2 ~ 5

6. 蜂花粉水分含量多少？

刚刚采集的新鲜花粉，水分含量为21% ~ 30%，由于含水量较高，易发霉变质，不利于储藏和运输。因此，采收后的花粉，应及时干燥处理，使其含水量在2% ~ 5%，以利于蜂花粉的保存。

7. 蜂花粉中蛋白质和氨基酸的含量各是多少？

蜂花粉中含有丰富的蛋白质和多种氨基酸。蜂花粉在营养学上被称为"完全的蛋白质或高质量蛋白质"。其所含氨基酸一般在1%以上，其中所含的人体必需氨基酸为牛肉、鸡蛋的5 ~ 7倍。经研究分析，同一种花粉其总氨基酸含量很接近。有研究测定油菜花粉的总氮量，共测定14个不同产地的样品，其总氮量为4% ~ 5%，平均为4.45%（表2-2）。

表2-2　蜂花粉中主要的氨基酸及其含量

氨基酸种类	平均含量（毫克/克）	氨基酸种类	平均含量（毫克/克）
脯氨酸	18	赖氨酸	8

氨基酸种类	平均含量（毫克/克）	氨基酸种类	平均含量（毫克/克）
亮氨酸	8	异亮氨酸	2
组氨酸	2.5	谷氨酸	10
甘氨酸	6	精氨酸	7
甲硫氨酸	1.2	丝氨酸	6.7
苏氨酸	5	酪氨酸	2.5
苯丙氨酸	4	天冬氨酸	12

8. 蜂花粉中含有哪些糖类？

蜂花粉中的糖类约占干物质的 1/3，主要是葡萄糖、果糖等单糖，这些单糖主要来自蜜蜂采集花粉过程中混入的蜂蜜。还有蔗糖、淀粉和纤维素、半纤维素等，这些糖来自花粉本身。不同蜂花粉所含的糖类成分不一，据分析，玉米花粉还原糖为 36.55%、果糖为 12.94%、葡萄糖为 9.06%，油菜花粉还原糖为 22.74%、果糖为 9.99%、葡萄糖为 4.79%。

9. 蜂花粉中含有哪些维生素？

蜂花粉含有丰富的维生素，且含量很高，比蜂蜜高 100 倍，被誉为天然维生素的浓缩物。其中 B 族维生素较为丰富，包括维生素 B_1、维生素 B_2、维生素 B_3、维生素 B_6、维生素 B_{12} 等，此外还有胡萝卜素、类胡萝卜素、维生素 C、维生素 E、维生素 P、维生素 K 和维生素 D 等。蜂花粉中各维生素含量（毫克/100 克干花粉）如下：维生素 E 21 ~ 170；维生素 C

7.08 ~ 205.25；维生素 B_1 0.55 ~ 1.5；维生素 B_2 0.5 ~ 2.2；维生素 B_3 1.3 ~ 21；维生素 B_5 0.32 ~ 5；维生素 B_6 0.3 ~ 0.9；维生素 H 0.06 ~ 0.6；维生素 M 0.3 ~ 0.68；肌醇 188 ~ 228 等（表2-3）。

表2-3　蜂花粉中主要维生素的种类及含量

种类	含量（毫克/100克）	种类	含量（毫克/100克）
维生素 B_1	0.55 ~ 1.5	维生素 C	7.08 ~ 205.25
维生素 B_2	0.5 ~ 2.2	维生素 H	0.06 ~ 0.6
维生素 B_3	1.3 ~ 21	维生素 E	21 ~ 170
维生素 B_5	0.32 ~ 5	叶酸	3 ~ 10
维生素 B_6	0.3 ~ 0.9	β - 胡萝卜素	1 ~ 20

10. 蜂花粉中含有哪些脂类？

蜂花粉中所含不饱和脂肪酸占脂类物质的 60% ~ 91%。在不饱和脂肪酸中有几种是人体不能合成的，必须从食物中摄取，称之为必需脂肪酸，如亚油酸、亚麻酸和花生四烯酸等。在荞麦和三叶草花粉中发现有花生酸，而一般这种花生酸仅存在于动物脂肪中。含碳的亚油酸、亚麻酸和花生四烯酸都具有维生素 F 活性，是前列腺体的组成部分，因此能起到调节激素活性的功能，降低血液中胆固醇浓度，预防和治疗动脉粥样硬化。花粉的磷脂有胆碱磷酸甘油酯、肌醇磷酸甘油酯、氨基乙醇磷酸甘油酯（脑磷脂）、磷脂酰基氯氨酸等。所有这些物质都是人体和生物体细胞半渗透膜的组成部分，它们能够调整离子进入细胞，参与物质交换。由于磷脂还具有促进脂肪代谢的作用（防治脂肪肝作用），可抑制脂肪在有机体内形成和过多积累以及在细胞内的沉积，主要在肝脏组织内抑制肝脏的脂肪变性，还能调整脂肪交换过程，因而可预防动脉粥样硬化的发生。

11. 蜂花粉中含有哪些矿物质?

人体必需的元素有锌、铜、锰、铁、钙、钾、钠等。蜂花粉中矿物质含量非常丰富，含量较高的几种化学元素如下：钾 0.6% ~ 1% 毫克；钙 0.29% 毫克；磷 0.43% 毫克；镁 0.25% 毫克；铜 1.7%；铁 0.55%。此外还含有硅、硫、氯、锰、钡、银、金、钯、钒、钨、钴、锌、砷、锡、铂、钼、铬、铜、锶、铀等 26 种元素。所有这些元素都在生命活动中发挥着重要作用。

12. 蜂花粉中含有哪些多酚类活性物质?

蜂花粉对人体具有神奇的功效，与蜂花粉中含有的生物活性物质有关。蜂花粉所含有的黄酮类化合物具有抗动脉硬化、降低胆固醇、解痛、防辐射等作用。目前花粉中已分离鉴定的黄酮类化合物有黄酮醇、槲皮酮（栎精）、鼠李素、异鼠李素、木犀黄素、二氢黄酮醇、山柰酚、二氢山柰酚、柚（苷）配基、芹菜（苷）配基、杨梅黄酮、花色素、原花青素等。

13. 蜂花粉主要含有哪些酶和有机酸?

蜂花粉中含有 100 多种酶和辅酶，主要酶类有淀粉酶、转化酶、纤维素酶、蛋白酶、磷酸酶、葡萄糖氧化酶、磷酸酯酶等。花粉中所含有的酶是细胞新陈代谢的重要物质，对营养成分的分解合成、消化吸收起催化作用。蜂花粉中的主要有机酸有原儿茶酸、没食子酸、阿魏酸、对羟基桂皮酸，还有甲酸、乙酸、丙酮酸、苹果酸、琥珀酸等。

14. 蜂花粉中核酸的含量是多少？

花粉是植物的雄性配子，含有形成子代的全套遗传物质，其中核酸的含量很丰富，它是遗传信息的载体。同时，在细胞质内还含有大量脱氧核糖核酸，可促进细胞的再生和预防衰老，对多种慢性疾病有较好的疗效。花粉中还含有其他多种生物活性成分，如激素、生长素、芸薹素、植酸、乙烯、赤霉素等，还有 3% ~ 4% 的未知物质。

15. 为什么说蜂花粉是"微型营养库"？

蜂花粉是花源植物的特有部分，是植物体精华之所在，它含有孕育一个新的生命所需要的全部营养素，是人类理想的营养源。花粉大小在 10 ~ 100 微米，其结构可分为花粉壁和内含物（有效成分）。

同一粒花粉在显微镜下，可看到两个形态不同的面，叫赤道面和极面。花粉粒的表面是不平滑的，有的凸起，叫脊；有的凹陷，叫沟；还分布有一些孔状下陷，叫萌发孔，花粉管就是从萌发孔外突萌发的（图2-6）。

花粉粒的外面是一层坚硬的外壁，叫花粉壁。内部是含有各种营养物质和生殖细胞的内含物。内含物与花粉壁之间有一膜状物隔开。它不但含有人体通常必需的蛋白质、脂肪、糖类，还含有对人体生理功能具有特殊功效的微量元素和生物活性物质。所以，被人们誉为"微型营养库"。

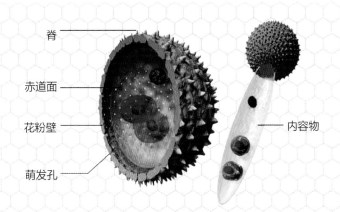

脊

赤道面

花粉壁

萌发孔

内容物

图 2-6　花粉超微结构

16. 松花粉和蜂花粉有何不同？

　　松花粉是指松科植物马尾松、油松或同属种植物的干燥花粉，是人工采集的品种（图 2-7）。蜂花粉是指蜜蜂从被子植物雄蕊花药和裸子植物小孢子叶上的小孢子囊内采集的花粉粒，经过蜜蜂加工而成的花粉团状物。从营养成分分析，一般松花粉纤维类成分含量比较高，可达 40% 左右；蜂花粉一般蛋白质含量比松花粉要高，松花粉一般在 10% 左右，而蜂花粉一

图 2-7　松花粉

般可以达 18% 以上。

17. 蜂花粉会引起过敏吗?

花粉过敏一般由风媒花所致。春季引起过敏的主要是树花粉,包括橡树、榆树、桦树、杨树、橄榄等;夏季引起过敏的主要有园草花粉,如狗乐草、猫尾草、香茅草等;秋季主要由野草花粉所致。花粉过敏主要表现为打喷嚏、流鼻涕、流眼泪,鼻、眼及外耳道奇痒(图 2-8、图 2-9)。小儿患者会出现呼吸困难、阵发性咳嗽、眼睑肿胀等。过敏反应主要是过敏原进入人体之后与肥大细胞和嗜碱性粒细胞上的特异性免疫球蛋白 E(IgE)相互作用,引起肥大细胞和嗜碱性粒细胞释放组织胺,引起平滑肌收缩、毛细血管扩张、通透性增强、组织水肿等过敏反应。过敏反应的内因是自身免

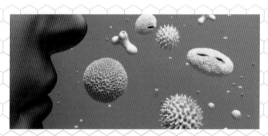

图 2-8　花粉进入鼻腔

图 2-9　花粉过敏症状

疫力低下，大量的自由基破坏肥大细胞和嗜碱性粒细胞。蜂花粉是蜜蜂采集植物的花粉并混入蜂蜜和其自身分泌物的团状物，不同品种蜂花粉的抗原种类、数量和活性不同。一般情况下，只有极少数人会对蜂花粉过敏，曾经也有过食用蜂花粉过敏的报道。但最近也有一些研究表明，蜂花粉能够降低肥大粒细胞的脱颗粒作用，抑制肥大细胞的活性，从而起到抗过敏的作用。因此，对于过敏体质的人初次食用蜂花粉时建议少量食用，确保没有过敏反应时方可正常食用。

18. 蜂花粉一定要破壁吗?

蜂花粉的外壁由孢粉素组成，非常坚硬，具有耐酸、耐碱、耐高温、耐高压等特点。长期以来人们一直认为这层坚硬的外壁影响花粉营养物质的吸收，破壁花粉成为行业的迫切需求。那么这层坚硬的壳子是否影响花粉营养物质的吸收？研究表明，破壁花粉提取物的有效成分高于未破壁花粉，那么直接食用花粉是不是一定要破壁呢？其实不然，因为破壁与否并不影响人体对花粉营养的吸收和利用，花粉粒外壁虽然有一层坚硬的外壳，但是，在显微镜下可以清晰地看到花粉外壳上均有萌发孔或萌发沟（图2-10），在人体胃肠的酸性环境下和各种酶的作用下，萌发孔或萌发沟会开放并喷射出内含物，因此，花粉壁对于人类对花粉营养物质的吸收率影响并不大。如果直接将花粉用于面膜等产品，破壁后使用比较好。

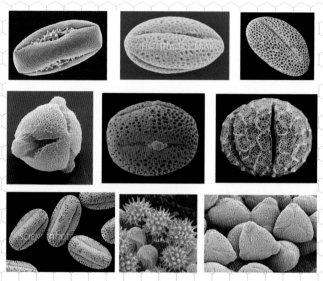

图 2-10　显微镜下不同的花粉形态特征

19. 蜂花粉是否含有激素？

蜂花粉是一种营养十分丰富的天然物质，经检测花粉中含有多种植物激素，如生长素、雌激素、促性腺激素、赤霉素、芸薹素、雌二醇、睾酮等，这就像我们平时常吃的牛奶和豆浆一样都含有激素，如牛奶中的硫酸雌酮。但是花粉中的激素含量很少，与作为药物剂量的激素不是同一个数量级的。如作为药用的雌激素片，人体使用一日为 0.3 ~ 1.25 毫克；甲睾酮片，一日使用量为 10 ~ 25 毫克。但实际上蜂花粉中激素含量远远低于这个水平。花粉中的激素含量不会对人体健康造成影响。相反，近些年的研究表明，花粉能够调节人体激素水平，提高人体内分泌功能，对体内过多的激素具有拮抗作用，从而对激素失衡引起的疾病具有重要的调节作用。

二、蜂花粉的生理活性及医疗保健作用

1. 蜂花粉的医疗保健作用有哪些?

早在2 000多年前,我国就已经有了食用蜂花粉的记载。《神农本草经》记录了松黄(松花粉)和蒲黄(香蒲花粉)的功效:"气味甘平,无毒,主治心腹膀胱寒热,利小便,止血,消瘀血。久服轻身,益气力,延年。"《圣经》《古兰经》也均有关于花粉应用的描述,在古希腊、俄罗斯及中东地区等,人们都认为花粉是保持健康和青春的源泉。《中华人民共和国药典》及一些省地方标准记载,花粉外用有止血、化瘀、消肿的作用;内服有补气养血、健脾和胃、安神益智的作用,可用于抗动脉硬化、降血脂、调节免疫功能及前列腺炎、前列腺增生等的辅助治疗作用。山东省中药材标准上记载了蜂花粉的功能主治为:健脾益胃,补气养血,养阴益智,宁心安神。用于气血不足、心悸失眠、胃肠不适、神经衰弱、便秘等症。也可用于防治心血管硬化、高血压、脑溢血、脑卒中后遗症等老年性疾病,前列腺炎、前列腺肥大等症。近代研究发现花粉具有抗氧化、抗菌、抗辐射、抗感染、免疫调节等多种保健作用。

2. 蜂花粉治疗前列腺增生的可能原因是什么?

花粉对前列腺增生、前列腺炎有很好的治疗效果,前列康的主要成分就是油菜花粉(图2-11)。蜂花粉治疗前列腺增生的作用目前还不是很清楚,其可能的原因有以下几个方面:一是蜂花粉在激素的受体水平上发挥类雌激素、抗雄激素的药理作用,抑制二氢睾酮的生物效应,并能调节膀胱尿道平滑肌。油菜花粉乙醇提取物、玉米花粉和芝麻花粉醇提取物均对

图2-11 市售前列康

小鼠和老龄大鼠离体膀胱肌有收缩作用，其中油菜花粉乙醇提物有明显的拮抗作用。二是蜂花粉富含锌元素。锌元素在前列腺液中含量非常高，远远高于其他体液中的含量，它是前列腺液主要抗菌因子之一。研究发现慢性前列腺患者锌含量明显降低并且难以提高，但是通过口服锌补充剂效果并不好，这可能是由于单纯的锌补充剂不好吸收造成的。三是蜂花粉具有调节体内各器官功能、加强新陈代谢、增强机体活力和抵抗疾病能力，使内分泌的调节功能改变。四是蜂花粉还可以改善前列腺组织的血液循环，减轻水肿，缓解前列腺肥大引起的尿道梗阻。此外，目前已经有学者发现大豆异黄酮能显著抑制大鼠前列腺增生，抑制酸性磷酸酶水平的升高。花粉中也含有大量的黄酮，其具体的组分还没有得到确认，其中也可能存在治疗前列腺增生症的成分。服用花粉还能大幅度减少SD大鼠腹股沟和生殖腺附近的脂肪，显著减轻大鼠体重。

3. 蜂花粉在防治心脑血管疾病方面有何作用？

花粉中的黄酮类化合物、植物甾醇、不饱和脂肪酸、磷脂、膳食纤维等对防治心脑血管疾病有重要意义。花粉中的植物甾醇能够阻止肠道对胆固醇的吸收；磷脂有降低血液黏稠度的作用，同时能减少胆固醇在血管壁上的沉积；膳食纤维能缩短脂肪通过肠道的时间，同时能整合和吸附胆固醇、胆汁酸等有机分子，减少机体对胆固醇的吸收量，增加排泄，有利于降低血胆固醇和三酰甘油的含量，可抑制高脂肪主动脉平滑肌细胞的增殖，对减少斑块形成起重要作用；黄酮醇类化合物能增强毛细血管壁弹性，增加毛细血管壁抵抗力，保护毛细血管坚韧性，预防脑溢血等。花粉中丰富的维生素 C、维生素 E、胡萝卜素能保护心脑血管系统，降低胆固醇和脂肪的含量；维生素 C 可增加血管壁的弹性，改善心脏和大脑的微循环；叶酸、维生素 B_6 和维生素 B_{12} 可控制因蛋氨酸转化异常导致的高同型半胱氨酸血症所引起的血管硬化。花粉中的许多微量元素对治疗心血管病有很好的作用。镁有降血压及维护心肌的作用，还可使酶素活化，抑制神经兴奋，防止药物对心血管系统的损伤，有效地预防因胆固醇高而引起的冠心病；铜有助于增加血管弹性。花粉中含有芸香苷、原花青素等黄酮类物质，可提高血管壁抵抗力，改善血管透过性。芸香苷类是蜂花粉治疗心血管病的主要成分之一，在预防因毛细血管变脆引起的各种出血症中起重要作用。蜂花粉中的芸香苷有软化毛细血管、增强毛细血管强度的功效，故可以防治动脉硬化、高血压、脑溢血、脑卒中后遗症、静脉曲张等病症。

4. 蜂花粉对肝脏的修复和保护作用机理有哪些？

花粉对肝功能的修复和保护作用，是由多种因素共同作用的结果。花粉中的单糖有助于肝糖原的生成；激素则对肾上腺起刺激作用，从而促进蛋白质的合成与代谢；花粉中的 B 族维生素及铜、镁、锌等微量元素参与肝脏多种酶的组成，并能激活酶的活性。酶是生物体新陈代谢的催化剂，酶的失活或降低导致肝细胞合成蛋白质的过程与能力产生障碍。花粉中所含的酶种类多，有较强的活力。花粉含有多种激素，均为植物激素，除生长素外，还有赤霉素、芸薹素、促性腺素和雌激素等，对肝功能修复和保护起促进作用。花粉可以明显地减轻肝细胞的损伤，减少肝脂变；对抗肝坏死，抑制中央静脉下胶原纤维的形成，阻止肝纤维化。花粉中丰富的蛋白质、氨基酸、多种维生素、核酸等营养物质，能使肝细胞再生；并能提高细胞免疫和体液免疫功能，增强肝细胞的解毒能力。服用花粉可显著预防四氯化碳中毒所致的血清谷丙转氨酶、碱性磷酸酶和胆红素升高，明显减轻肝细胞脂肪浸润程度，从而减轻和防止肝坏死。

5. 蜂花粉对贫血症有作用吗？

贫血的主要症状是血液中血红细胞数目降低，造血功能下降。蜂花粉能刺激骨髓造血，对不同原因引起的造血功能低下有保护作用。动物试验研究发现，经辐照后的小鼠外周血红细胞、白细胞、血红蛋白、血小板及骨髓有核细胞均逐渐下降，至照射后 7 天降至最低值。照射后 24 小时立即给予花粉治疗，可显著延缓外周血细胞及骨髓有核细胞数下降并加快恢复。这是因为花粉能明显地提高骨髓及脾脏造血细胞的分裂能力，从而促进其分化和增殖，使骨髓有核细胞包括红细胞系、白细胞系和血小板等造血细胞的数量增加，从而改善贫血症状。

6. 蜂花粉抗氧化、延缓衰老作用如何？

人体内的自由基包括氢自由基、超氧阴离子自由基、羟自由基、过氧化羟自由基、烷氧基自由基等。这些微粒能氧化人体内的不饱和脂肪酸，造成细胞膜、线粒体膜、溶酶膜硬化，产生动脉硬化，促使人体衰老；能破坏 DNA，从而促使智力衰退、肌肉萎缩，产生早衰现象；能使蛋白质氧化破坏，直接造成人体衰老。人体一方面可以利用内源性自由基清除系统清除体内多余的自由基，另一方面可以发掘外源性抗氧化剂阻断自由基对人体的侵害。外源自由基清除剂包括超氧化物歧化酶（SOD）、过氧化氢酶、谷胱甘肽过氧化酶等一些酶和维生素 C、维生素 E、还原性谷胱甘肽、胡萝卜素和硒等一些抗氧化剂。

蜂花粉含有的 SOD、过氧化氢酶能消除体内的自由基，预防脂质过氧化物，有助于延缓衰老，抑制老年斑的形成。蜂花粉中大量的酚类物质可以直接清除游离自由基或与自由基的活性基团反应使其活性降低，淬灭氧或分解过氧化物而起到抗氧化作用。蜂花粉富含的活性多糖也有较强的抗氧化能力。人体衰老时，体内核酸及蛋白质的合成受到一定限制，使得细胞更新速率降低，引起衰老细胞逐步增多，进而引起人的衰老加快。食用蜂花粉可增加体内的核酸含量，有助于延缓衰老。

7. 蜂花粉增强机体免疫力作用如何？

免疫与衰老有密切关系，免疫功能减退是衰老的重要原因之一。老年人因胸腺等免疫器官萎缩，血液 T 淋巴细胞减少，机体免疫功能下降。蜂花粉中含有大量增强免疫功能的有效成分，如黄酮类、牛磺酸、核酸及微量元素等，有助于提高机体免疫力。花粉及其提取液能够增强小鼠的非特异性免疫功能、细胞免疫功能及体液免疫功能，能促进中枢免疫器官骨髓的造血功能，提高小鼠血清溶血素抗体生成数及腹腔巨噬细胞吞噬肌红细胞能力，增强 NK 细胞活性，并增加免疫器官胸腺和脾脏的重量，提高网状内皮系统的吞噬能力。

蜂花粉增强机体免疫力的机理在于其中丰富的营养物质。如蛋白质、氨基酸等可促进淋巴细胞的生长发育与增殖，酶类、激素等物质能够调控各种物质代谢与生理功能，因而在受到抗原刺激后，免疫细胞产生相应抗体的能力增强；黄酮类有免疫调节和抗炎活性，可抑制致炎（炎症前）细胞因子及其受体的产生；硒对机体的免疫和防御机能有重要影响，可通过保护胸腺细胞结构直接增强免疫作用，还可刺激蛋白质及抗体的产生，增强免疫力。另外，硒对正常心脏有兴奋作用，能改善心肌的组织呼吸和能量储存；锌能增强脾脏、淋巴结、淋巴组织中 T 细胞的功能，提高机体的抵抗力。

8. 蜂花粉调节胃肠代谢、防治便秘的作用机理有哪些？

老年人因牙齿磨损或脱落会直接影响其咀嚼功能，而消化液和消化酶的分泌减少、胃肠蠕动减慢使食物的消化利用能力下降，胃肠排空时间延长导致碳水化合物的发酵和胃肠胀气，或消化道内容物水分被过多吸收而导致便秘。便秘对中老年人是一种潜在的危险因素，尤其有心脑血管疾病者，常因便秘、排便用力而发生意外。因此，治疗便秘，使排便顺利，对老年人的健康、预防意外发生有重要意义。吕建新等研究发现，花粉对小鼠胃黏膜应激性损伤具有保护作用；能使豚鼠结肠平滑肌机械活动加强，张力增高，可治疗慢性胃炎、便秘。

蜂花粉调节胃肠代谢、防治便秘的机理可能在于其中多种物质的共同作用：①酸性抗生素对肠胃内致病菌有强力杀灭作用，并可与生长素一起调整肠内细菌平衡，可控制大肠菌、沙门菌的繁殖，修复胃肠损伤。②B族维生素能促进胃液正常分泌，保持消化系统的良好状态，有利于排便。③镁及维生素 B_6 可使肠壁肌不易产生痉挛现象，从而消解便秘。④多种天然的酶能促进消化吸收，有利于大便通畅。⑤纤维素能刺激肠黏膜，促进肠道的收缩和蠕动，加速粪便排泄。此外，膳食纤维化学结构中含有很多亲水基团，具有很强的持水性，可以增加人体排便的体积和速度。

9. 蜂花粉有防辐射的作用吗？

多次动物试验证明蜂花粉具有抗辐射作用，能够提高辐照动物外周白细胞及脾脏 B- 淋巴细胞活性，但是对于蜂花粉抗辐射的机理还不是很清楚。这可能与蜂花粉提高机体的造血功能、提高体内 SOD 活性、加强清除自由基的活力有关。

10. 蜂花粉能够促进大脑发育、提高记忆力吗？

长期食用化粉能促进脑细胞的发育、增强中枢神经系统的功能，因此蜂花粉能促进儿童的智力发育，用蜂花粉治疗智力低下疗效显著。蜂花粉还可提高脑细胞的兴奋性，使疲劳的脑细胞更快地得到恢复，蜂花粉被誉为脑力劳动的最好恢复剂。奥地利一家医院报道，用蜂花粉可治疗神经官能症，可使失眠、注意力不集中和健忘症得到好转。

11. 蜂花粉对神经衰弱的康复有作用吗？

　　蜂花粉作为一种营养滋补品，不但可以强壮身体，而且还可改善人的精神状态，使机体功能恢复平衡和协调。脾气暴躁、易怒者常服蜂花粉可以变得温和平静。神经衰弱、精神抑郁者常服蜂花粉也颇有疗效。花粉对人的精神状态有良好的调节作用。花粉能通过大脑中枢，使人体各个器官的功能恢复平衡与协调。食用花粉 8 ~ 10 天后，就感觉精神状态得到了很好的调节和改善，从而变得乐观、开朗起来，同时也不爱发怒和生气了。花粉还能使人精神振作、心情愉快、增强活力，使人有心情舒畅和心满意足的感觉。另外，食用花粉还能消除疲劳，使身心均受益。这主要是由于蜂花粉能够为脑细胞发育和生理活动提供丰富的营养物质，促进脑细胞发育，增强中枢神经系统的功能，使脑细胞保持旺盛活力。

三、蜂花粉美容养颜机理

1. 蜂花粉为什么被称为"能食用的美容剂"？

　　蜂花粉被誉为"能食用的美容剂"，是最佳营养型的天然美容品，花粉提取物添加于各类化妆品中，可直接为皮肤吸收而无毒副作用，可内服外用，是养颜美容的佳品。蜂花粉的美容机理主要有以下几个方面：①改善肌肤营养状态。花粉中有丰富的营养，富含氨基酸、天然维生素和各种活性酶等，能够为肌肤提供全面的营养成分，改善皮肤外观，活化皮肤细胞，促进皮肤细胞新陈代谢，增加其生命活力，延缓皮肤衰老进程，保持悦颜。

②消除皱纹。蜂花粉能够防止皮肤干燥脱屑，增加皮肤弹性，使皮肤柔润，减少或消除皱纹。③防止色斑生成。蜂花粉含有 SOD、维生素 C、维生素 E 和 B 族维生素，能够清除自由基，防止色素沉积、色斑生成。

2. 蜂花粉对皮肤保湿作用如何？

皮肤保持湿润是皮肤滋润的前提。花粉中的氨基酸是皮肤角质层中天然润湿因子的成分，可使老化和硬化的皮肤恢复水合性，防止角质层水分损失，保持皮肤的滋润和健康。花粉中的维生素 A 能维持上皮细胞分泌黏液，使皮肤保持湿润性与柔软性。另外，花粉中的磷脂可重新修复被自由基损伤的皮肤细胞膜，使膜的生理功能得以正常发挥，从而增强皮肤抵抗力和排除代谢废物的能力。花粉磷脂还具有乳化性，可降低血液的黏度，促进血液循环。花粉中的维生素 E 有扩张毛细血管的作用，也可改善血液循环，使皮肤健康红润、充满活力。

3. 服用蜂花粉可以减少老年斑的产生吗？

花粉是植物的雄性细胞，是植物的"精子"。蜜蜂采回来的花粉，除含有一般花粉的营养成分外，还含有在采集时加进去的少量花蜜和特殊分泌物，因此蜂花粉更优于一般花粉。蜂花粉中含有丰富而全面的营养物质，尤其是被人们誉为长寿所必需的硒、锰、钼、锌等微量元素含量丰富，所以能起到抗衰老作用。花粉中的维生素 C、维生素 E 与脂质代谢有密切关系，具有抑制黑色素形成的作用。维生素 B_1、维生素 B_2、维生素 E 有使皮肤光滑、展平褶皱、减退色素、消除斑点之功能；维生素 A 有使皮肤柔腻而润泽的功效。人体吸收花粉中的天然营养物质，加速皮肤细胞的新陈代谢，促进过氧化物歧化酶的活性，减少和消除褐色素的积存，起到延缓老年斑形成的作用。

4.蜂花粉对青春痘有作用吗？

青春痘形成的原因比较复杂，如食用过多油脂丰富的食物，引起皮脂过量分泌；消化不良，经常便秘，内分泌失调等都易长青春痘。因此，对青春痘的治疗，必须从增强身体素质和新陈代谢、调节生理机能着手，采取综合措施。国内外学者研究发现，蜂花粉对青春痘有神奇的疗效。这主要得益于蜂花粉含有丰富而全面的营养物质。如蜂花粉中的维生素 A 能维护皮肤上皮组织的健全，使毛囊不易角化，毛囊不再狭窄，以利于皮脂排除和防止细菌感染；维生素 B_2 能促进饱和脂肪酸代谢，减少皮脂的过分溢出，减少青春痘发生机会；锌对青春痘伤口有加速愈合的作用；镁能促进 B 族维生素酶的产生，有利于青春痘根除；钾和磷脂能帮助脂肪代谢。可见，蜂花粉能有效地防止青春痘的发生。

5.蜂花粉美容的方法有哪些？

蜂花粉是一种很好的美容剂，它不仅具有生发、护发和护肤的作用，而且还能治疗脸部疾患、减肥，我国古代的武则天、慈禧太后，绝代佳人西施、貂蝉和董小宛，美国前总统里根的夫人南希等都曾选用花粉作为美容养颜食品。同济大学花粉应用研究中心通过对国内 50 多种蜜源花粉营养成分的研究，筛选出几种含氨基酸、胡萝卜素、维生素 C、维生素 E、磷脂、核酸等护肤成分高的花粉，并从中提取各种有效成分，研制成花粉营养霜等系列化妆品。下面是几种常用的蜂花粉美容方法：

（1）直接食用　花粉可以直接食用，一般每天早晚各服 1 次，每次 5 ～ 10 克，直接用温开水送服，也可以用温开水、牛奶或蜜水调服。这种方法比较适合减肥、生发、护发，也可用于治疗脸部各种疾患。

（2）直接涂抹　选择较好的花粉，经灭菌处理和破壁后密封待用。洁面后取 1 ～ 2 克花粉置于手心，用温开水或者蜜水调稀后，均匀地涂抹在面部，并适当地按摩 15 分后洗去。这种方法比较适合治疗痤疮、雀斑、黄褐斑和老年斑，如与食用花粉同时进行，效果更好。

6. 常用的花粉面膜有哪些？

1）选破壁或超细粉碎的花粉细末 30 克，与蜂蜜 30 克、鸡蛋黄 1 个、苹果汁 20 毫升混合，调制成膏，备用。洗脸后，在面部均匀涂抹一层，待自然干后保持 20 ～ 30 分，用温水洗去，每天 1 次。此法适用于干燥性皮肤，可起到滋润、营养、增白、祛斑的效果。

2）选用破壁花粉，与 2 倍蜂蜜混合，调制成浆状，备用。温水洗脸后，均匀涂抹到面部一层，保持 30 分，洗去，每隔 1 ～ 2 日 1 次。经常坚持此法，可使皮肤柔嫩、细腻、健美。

3）取鸡蛋清 0.5 个于碗中，加入新鲜蜂花粉调匀，温水洗脸后，均匀涂抹一层，轻轻按摩片刻，保持 30 ～ 45 分洗去，每天 1 次。此法能润肤养肤，增白祛斑，还可减少面部皱纹。

4）榨取黄瓜汁与新鲜蜂花粉混合，调制成膏备用。洁面后涂于面部，

15 分后洗去。每 2 ~ 3 天 1 次。可补水、美白。

5）破壁蜂花粉与芦荟汁调匀，配制成膏备用。用时，先用食醋洗净患处，再用花粉芦荟膏涂敷患处，同时在面部轻抹一层，每天 1 次。可营养润白皮肤，治疗面部粉刺。

> 花粉能制成许多化妆品和洗涤剂，如花粉美容膏、花粉美容霜、花粉美容水、花粉香粉、花粉健肤霜。另外，花粉还可以制成许多食品和饮料，如花粉糕、花粉蜜、花粉片、花粉糖酥、花粉晶、花粉巧克力、花粉饼干、花粉可乐、花粉口服液等。

四、蜂花粉的购买与食用

1. 如何感官鉴别蜂花粉的优劣？

蜂花粉品种繁多，不同品种的颜色、气味、味道都不相同，而花粉质量的优劣决定着美容保健效果的好坏。业内人士认为，消费者应掌握必要的知识和方法，选择优质蜂花粉。外形上：颗粒为不规则扁圆形，颗粒整齐，无粉末。颜色上：颗粒颜色一致，色泽鲜艳，不同蜂花粉的颜色不同。气味上：具有浓郁的芳香气味，无异味。滋味上：味苦涩，略有甜味，不同种的花粉有不同的气味。此外，蜂花粉中不能混有蜂尸、泥沙等杂质。以下是一些简单鉴别蜂花粉的方法：

（1）目测　比较好的蜂花粉，颗粒整齐、颜色一致，无杂质、无异味、无霉变、无虫迹，干燥好，品种纯正。正常情况下，比较纯的蜂花粉具有某一品种特有的颜色，具有光泽感，混入的其他花粉粒应在 7% 以下，最高不得超过 15%；蜂花粉团的大小应基本相同，没有细末和虫蛀，具有某种蜂花粉相对固定的形态。通常蜂花粉团呈不规则的扁圆形团粒状，并带有工蜂采集后足嵌的痕迹。

（2）鼻闻　新鲜蜂花粉有明显的单一花种的清香气，霉变的蜂花粉或受污染的蜂花粉无香气味，甚至有难闻的气味或异味。伪造的蜂花粉无浓郁的香气。

（3）口尝　取蜂花粉少许放口中，细细品味。新鲜蜂花粉的味道辛香，多带苦味，余味涩，略带甜味。蜂花粉的味道受粉源植物花种的影响，差别较大。有的蜂花粉较苦，有的蜂花粉很甜，个别的蜂花粉还有麻、辣、酸感。伪造的蜂花粉无辛香味道，团粒也不怎么规则。

（4）手捻　新鲜蜂花粉含水量较高，手捻易碎，细腻、无泥沙颗粒感。若手捻时有粗糙或硬沙粒感觉，说明蜂花粉中泥沙等杂质含量较大。干燥好的蜂花粉团，用手捻不软，有坚硬感。如蜂花粉用手一捻即碎，说明没有干燥处理好，含水量较高，也有可能因受潮发霉而引起变质。

2. 消费者如何食用蜂花粉？

蜂花粉是一种天然营养保健品，不经加工可以直接入口食用，这样可以防止某些营养成分在加工过程中造成人工损失。食用时可用温开水或者蜜水送服，也可入口细细咀嚼，或者将蜂花粉与蜂蜜混合搅拌在一起食用。每天服蜂花粉 2 次，一般在早晚空腹时服用最佳，若饭前服用蜂花粉后胃有不舒服的感觉，则可改在饭后半小时内服用；也可将蜂花粉磨细成粉末，用时按量以水冲服，均可收到满意的效果。

3. 蜂花粉的食用剂量是多少？

蜂花粉的服用量应根据服用者的体质状况及服用目的的不同而异。正常情况下，成年人以保健或美容为目的，一般每天可服用5～10克；强体力劳动者以增强体质为目的（如运动员）或用作治疗疾病（如前列腺炎等），每天用量可增加到20～30克。3～5岁儿童每天用量5～8克，6～10岁儿童每天用量8～12克为宜。

4. 消费者在家中如何保存蜂花粉？

蜂花粉平时应装在干燥的容器内，如玻璃瓶或塑料瓶，将瓶盖拧紧使之密封，放置在阴凉、干燥、通风处，避免高温。开瓶后将其放在冰箱中冷藏效果更好，储藏时间更长。

专题三
蜂王浆

　　蜂王浆是工蜂采食花粉和花蜜后，其头部咽下腺和上颚腺等多腺体分泌的，用来饲喂蜂王和蜜蜂幼虫的浆状混合物。蜂王浆成分复杂，以蛋白质含量最多，其次为氨基酸、核酸、多种脂肪酸、糖类、固醇、磷脂、糖脂类、维生素 B_1、维生素 B_2、叶酸、维生素 B_5、肌醇、维生素 A、酶类、矿物质、乙酰胆碱以及多种人体需要的生物激素类。研究表明，蜂王浆具有抗菌、抗氧化、免疫调节等多种生物活性功能，对多种慢性病有调节作用，具有降血压、降血糖、抗疲劳、抗衰老、抗肿瘤等保健功效。

一、蜂王浆概述

1. 什么是蜂王浆?

　　蜂王浆是青年工蜂采食花蜜和花粉后,在消化道内充分消化、吸收,转化为营养后,在头部营养腺(咽下腺和上颚腺)分泌出来的(图3-1),用来饲喂蜂王及小幼虫的浆状混合物,也称为蜂皇浆、蜂乳、王乳,简称王浆(图3-2)。蜂王浆珍稀名贵,成分复杂,有着很好的保健功能和神奇的医疗效用。

图3-1　哺育蜂正在分泌王浆到台基中(李建科　摄)

图3-2　人工台基中的蜂王浆(李建科　摄)

2. 蜂王浆在蜂群中起什么作用?

在蜂群中,蜂王和工蜂都是由同样的受精卵孵化发育而成的,工蜂和蜂王幼虫在最初的前3日都是由青年工蜂饲喂蜂王浆,它们在身体结构上没有区别。3日后,蜂王幼虫仍继续食用蜂王浆,后发育成为蜂王,其后蜂王终生都以蜂王浆为食。而工蜂幼虫3日后改由工蜂饲喂由蜂蜜和花粉制成的蜂粮(图3-3),此后一生,工蜂都以此为食。从遗传角度来讲,工蜂和蜂王具有相同的遗传背景,只是因食物的不同却造成了它们之间的巨大差异。蜂王以王浆为食,体重一般为工蜂的3倍,蜂王一天产1 500 ~ 2 000粒卵(相当于自身的体重),寿命一般长达4 ~ 6年;而工蜂以蜂粮和蜂蜜为食物,寿命一般只有1个月左右,最多也只有6个月(越冬期)(图3-4)。由此可见,蜂王浆在蜜蜂的个体分化和延长寿命中起着非常神奇的作用,但这种作用机理至今还不清楚。

图3-3 蜂粮(李建科 摄)　　　　图3-4 蜂王与工蜂(李建科 摄)

3. 蜂王浆是如何生产的?

人们利用蜂群中哺育蜂过剩时就会筑造自然王台培养蜂王的习性（图3-5），人为地给予较多的人工台基，移入1～2日龄工蜂幼虫。工蜂受本能的支配将分泌的蜂王浆吐入王台（图3-6），来饲喂幼虫。当王台内吐满蜂王浆，蜂王幼虫消耗较少、剩余王浆量最多的时候，人们取出幼虫，收集台基内的王浆，每个王台每次可取浆0.3～0.5克。由于工蜂和蜂王幼虫遗传上的一致性以及蜂群能够接受人工台基，为大量生产蜂王浆奠定了基础。

图3-5 自然王台

图3-6 人工王台（李建科 摄）

4. 蜂王浆的标准化生产工序有哪些?

蜂王浆的生产工序不是一成不变的，随着养蜂技术的提高和产浆机具的改进而变化。一般有 11 个工序：安装台基、清扫台基、点浆、移虫（图 3-7）、补虫、提框（图 3-8）、割台（图 3-9）、捡虫（图 3-10）、取浆（图 3-11）、清台、冷藏王浆。

图 3-7　移虫（张敏　摄）

图 3-8　提框

图 3-9　割台（游信毅　摄）

图 3-10 捡虫（孟丽峰 摄）

图 3-11 取浆（李建科 摄）

5. 蜂王浆的颜色是怎样的？

蜂王浆颜色的深浅，主要取决于蜜粉源及王浆新鲜程度和质量优劣。新鲜蜂王浆呈乳白色或淡黄色，只有个别的品种呈微红色（图 3-12）。一般来说蜂王浆的颜色与产浆期蜜源植物的花粉颜色有关，蜜蜂采集花粉颜色重的植物产出的蜂王浆的颜色较深，如荞麦、桉树等，所产的蜂王浆呈微红色；蜜蜂采集花粉颜色浅的植物产出的蜂王浆的颜色较浅，如油菜、紫云英、荆条等，所产的蜂王浆呈乳白色或淡黄色。另外，蜂王浆的颜色与新鲜程度有关，鲜蜂王浆的颜色较浅，放置时间长了颜色则会变深一些。移虫后取浆时间较长，或存放方法不当引起变质，以及掺有伪品的蜂王浆颜色变深，反之则淡；蜂王浆储存时间过长，以及加工方法不当造成污染，也可使蜂王浆颜色加深。

图 3-12　蜂王浆的色泽

6.鲜蜂王浆的形状是什么样的？

鲜蜂王浆为黏稠的液体，半透明，半流体，有朵块形花纹（图 3-13），有光泽，手感细腻，微黏，无气泡。经过除杂、均质等加工的蜂王浆，朵块形花纹消失，呈细腻的乳浆状（图 3-14）。

图 3-13　朵状蜂王浆（李建科　摄）

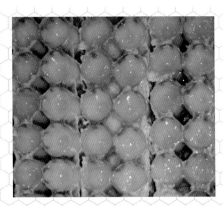

图 3-14　台基中的鲜王浆（李建科　摄）

7. 蜂王浆的味道如何？

蜂王浆有酸、辣、涩、甜等多种味道。刚入口，有较重的酸、涩味道，有明显的辣嗓子的感觉，这也是蜂王浆的标志性口感；回味时感觉微甜，并有特殊的香气。

8. 蜂王浆的主要化学成分是什么？

蜂王浆的化学成分非常复杂，而且随蜂种、蜜源、产地和取浆时间的不同存在一定差异。一般情况下鲜蜂王浆含水量 64.5% ～ 69%、蛋白质 11% ～ 16%、碳水化合物 8.5% ～ 15%、脂类 4% ～ 8%、矿物质 0.4% ～ 1.5%、未确定物质（R 物质）2.8% ～ 3%（图 3-15）。此外蜂王浆中还含有种类丰富的氨基酸、活性多肽、维生素、酶类、有机酸、类固醇等生物活性物质。蜂王浆中发现的 18 种氨基酸，其中有 8 种是人体必需氨基酸。

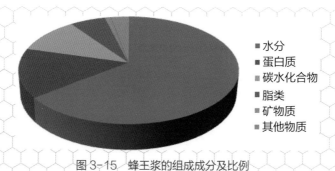

图 3-15　蜂王浆的组成成分及比例

■ 水分
■ 蛋白质
■ 碳水化合物
■ 脂类
■ 矿物质
■ 其他物质

9. 什么是王浆酸？

科学家从蜂王浆中分离出一种有机酸，其分子式为 $C_{10}H_{18}O_3$，称为 10- 羟基 -2- 癸烯酸，简称 10-HDA，是蜂王浆的重要成分之一，是一种特殊的不饱和有机酸（图 3-16）。蜂王浆的许多性质如气味、pH 等都与它有关。由于这种酸在自然界的其他任何物质中都没有，只存在于蜂王浆中，所以也称为王浆酸。10-HDA 的含量是衡量蜂王浆质量的重要指标之一，一般含量在 1.4% ~ 3%，占总脂肪酸的 50% 以上。分离出的纯王浆酸呈白色晶体，在新鲜的蜂王浆中多以游离形式存在，性质比较稳定（130℃处理 60 分，残存率达 96.6%）。王浆酸具有很好的杀菌、抑菌作用和抗癌、抗辐射功能。10-HDA 大大提高了蜂王浆的保健和医疗效用。

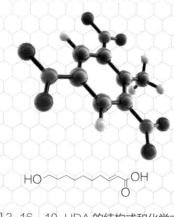

图 3-16　10-HDA 的结构式和化学式

10. 蜂王浆中主要蛋白质有哪些？

研究证明，蜂王浆中的蛋白质种类繁多，含量丰富，目前已知的蛋白质为 81 种，其中蜂王浆主蛋白 1（MRJP1）到蜂王浆主蛋白 9（MRJP9）占蜂王浆蛋白质含量的 90%。蜂王浆的蛋白质按活性成分可以分为三类：类胰岛素、活性多肽、γ-球蛋白，见图 3-17。蜂王浆中的球蛋白是一种 γ-球蛋白的混合物，它具有延缓衰老、抗菌、抗病毒作用，还可与蜂王浆中其他成分起复合作用。蜂王浆中的类胰岛素，经动物试验证实有降低血糖的作用，临床上用其降血糖效果尤为显著。蜂王浆蛋白质中，清蛋白约占2/3，球蛋白约占1/3，和人体血清中清蛋白和球蛋白的比例大致相同。

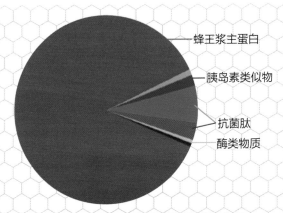

图 3-17　蜂王浆中蛋白质的种类及含量

11. 蜂王浆中含有多少种氨基酸？

蜂王浆中氨基酸含量十分丰富，已经鉴定出蜂王浆含有 20 多种氨基酸，尤其人体必需氨基酸的含量均较高。据分析，新鲜蜂王浆中天冬氨酸0.23%、丝氨酸0.02%、谷氨酸0.34%、甘氨酸0.023%、丙氨酸0.02%、异亮氨酸0.03%、亮氨酸0.02%、酪氨酸0.023%、赖氨酸0.008%、组氨酸0.2%、精氨酸0.03%、脯氨酸0.34%、胱氨酸0.004%，这 13 种氨基酸总量为 1.288%，加之所含其他种类，其总量还要高得多（图 3-18）。市售蜂王浆样品中有 5 种氨基酸含量较高，依次为天门冬氨酸（平均值为23.02 克 / 千克）＞谷氨酸（平均值为 13.29 克 / 千克）＞脯氨酸（平均值为 11.90 克 / 千克）＞亮氨酸（平均值为 9.99 克 / 千克）＞赖氨酸（平均值为 9.66 克 / 千克）。

■脯氨酸　　■天冬氨酸　　■谷氨酸　　■甘氨酸
■酪氨酸　　■异亮氨酸　　■丝氨酸　　■组氨酸
■精氨酸　　■赖氨酸　　■胱氨酸　　■亮氨酸

图3-18　蜂王浆中主要氨基酸的种类及相对含量

12. 蜂王浆中含有多少种维生素?

蜂王浆中含有丰富的维生素,特别是 B 族维生素含量最为丰富,其次是维生素 A 类、维生素 C、维生素 D、维生素 K 和维生素 E,它们均属脂溶性维生素。蜂王浆中维生素的含量因产浆期蜜粉源植物、地域的不同存在着差异,一般来说,维生素 B_2、维生素 B_1、维生素 B_3、叶酸的含量相对稳定,维生素 B_5、维生素 B_6、维生素 H 和肌醇的含量差异较大。

13. 蜂王浆中脂类物质含量有多少?

蜂王浆干品中脂类约为 12%,其中有脂肪酸(占 90%)和中性类脂(占 10%),中性类脂包括甘油酯 10%、苯酚类 40%、蜡类 35%、磷脂 0.4% ~ 0.8%、甾醇 3% ~ 4% 等。

14. 蜂王浆中含有哪些有机酸?

据科学家分析报道,每 100 克蜂王浆干物质中含有脂肪酸 8 ~ 12 克。

其中 10-HDA 35%、10- 烃基癸烯酸 15%、癸烯酸 3%、皮脂酸 15%、软脂酸 5%、油酸 5%。科学家利用层析方法又在蜂王浆中发现其他一些脂肪酸，例如癸二酸、己二酸、庚二酸、辛二酸、水溶性葡萄糖酸、3- 烃基癸烯酸、廿烷酸等（图 3-19）。科学家经气液层析技术证明，蜂王浆中至少含有 26 种游离脂肪酸，例如壬酸、癸酸、十一烷酸、十二烷酸（月桂酸）、十三烷酸、十四烷酸（肉豆蔻酸）、9- 十四烷酸（肉豆蔻脑酸）、十六烷酸（棕榈酸）、棕榈油酸、亚油酸、花生酸、酯化脂肪酸等。

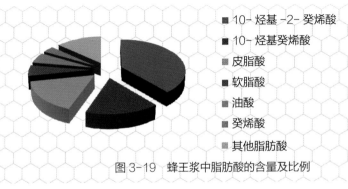

■ 10- 烃基 -2- 癸烯酸
■ 10- 烃基癸烯酸
■ 皮脂酸
■ 软脂酸
■ 油酸
■ 癸烯酸
■ 其他脂肪酸

图 3-19　蜂王浆中脂肪酸的含量及比例

15. 蜂王浆中含有哪几种激素？

蜂王浆含有一大类生物活性物质，这就是痕量的类固醇激素类物质，其主要品种有 17- 酮固醇、17- 羟固醇、肾上腺素、去甲肾上腺素等数种，其次还有性激素、促性激素、雌二醇和睾酮、黄体酮等。经测定，每克鲜王浆中含有去甲肾上腺素 11.8 微克、肾上腺素 2.0 微克、17- 酮固醇 10 微克、17- 羟固醇 41 微克、氢化可的松 90 微克。

16. 蜂王浆中所含激素的主要作用是什么？

蜂王浆中含有调节生理机能和物质代谢、激活和抑制机体引起某些器官生理变化的激素，从而使蜂王浆应用于治疗风湿病、神经官能症、更年期综合征、性功能失调、不孕症、前列腺癌、乳腺癌、延缓衰老等。由于蜂王浆中激素的种类和含量合理，配比科学，相互间是协调、平衡和统一的，加之食用量比较恒定，不足以引起副作用和失调现象，食用者不必有任何顾虑。

17. 蜂王浆中所含酶类主要有哪些？

蜂王浆含有丰富的酶类，其中主要有异性胆碱酯酶、抗坏血酸氧化酶、酸性磷酸酶、碱性磷酸酶，此外还含有脂肪酶、淀粉酶、醛缩酶、转氨酶、葡萄糖氧化酶等重要酶类。

18. 蜂王浆中磷酸化合物的主要成分是什么？

每1克蜂王浆中含有磷酸化合物2～7毫克，其中一磷酸腺苷N1氧化物只在蜂王浆中存在，它对中枢神经系统有很好的作用，能够促进神经元的分化，促进神经细胞、星形胶质细胞、树状突触细胞的增殖，对于修复神经损伤有很好的作用。蜂王浆中的磷酸腺苷酸化合物具有很多生物活性功能，它是一种重要的神经递质，在维持正常的神经传导中起重要作用，能够提高身体素质，对防治动脉硬化、心绞痛、心肌梗死、肝脏病、胃功能低下、神经疲劳、湿疹等病症都有显著的作用，而且有较好的补益功能。

19. 蜂王浆中含有哪几种矿物质？

蜂王浆含有的矿物质种类相当多，每100克蜂王浆干物质中含有矿物质0.9克以上，有的高达3克。其中钾、钠、钙、镁、铜、铁、锌、锰、硫、磷含量丰富，还有钴、镍、铬、硒、钛、铋等微量元素。

20. 蜂王浆中含有多少种糖类？

蜂王浆中含有一定的糖类物质，其干物质中含有 20% ~ 39% 的糖，其中主要是葡萄糖和果糖，分别占含糖总量的 45% 和 52%，麦芽糖占 1%，龙胆二糖占 1%，蔗糖占 1%。

21. 蜂王浆是如何分类的？

（1）根据蜜源植物分类　人们习惯以花期名称命名蜂王浆种类，什么花期生产的王浆就称为什么王浆。例如，在油菜花期所采集到的蜂王浆称为油菜浆，在刺槐花期采集到的王浆称为刺槐浆，同理，还有椴树浆、葵花浆、荆条浆、紫云英浆、芝麻浆、杂花浆等。

（2）根据色泽分类　蜂王浆标准中有以色泽深浅进行分类的，不同蜜粉源花期所生产的蜂王浆，其色泽有较大差异。例如，油菜浆为白色；刺槐浆为乳白色；椴树浆、棉花浆、荆条浆也以乳白色为主，个别的呈微黄色；紫云英浆为淡黄色；葵花浆为浅黄色；荞麦浆呈微红色；山花椒浆略显黄绿色；紫穗槐浆呈紫色；等等。人们可通过蜂王浆所呈颜色，来区分是什么蜜粉源花期生产的蜂王浆。

（3）根据生产季节分类　按蜂王浆所采集的季节进行分类，主要是将蜂王浆分为春浆、夏浆和秋浆，普遍认为春浆的质量比夏浆和秋浆好一些。所谓季节对蜂王浆质量、品种的影响，归根到底还是各季节蜜粉源植物对王浆质量的影响所致。

（4）根据蜂种分类　根据产浆蜂种的不同，将蜂王浆分为中蜂浆和西蜂浆，前者产自中华蜜蜂，后者产自意蜂、喀蜂等西方蜜蜂。同西蜂浆相比，中蜂浆外观上更为黏稠，呈淡黄色，其中特征物质 10-HDA 含量略低。中蜂浆产量远远低于西蜂浆。目前市场上出售的，绝大部分是西方蜜蜂所产的蜂王浆。

22. 南北浆、春秋浆有何区别？

南北浆、春秋浆是一般消费者通俗的、不规范的说法和理解，南北浆、春秋浆都有质量的差别，没有绝对的好与不好。通常说的春浆指的是南方的油菜浆，小厂、小商贩一般都声称春浆是好浆，价格也比其他王浆高。但实际上由于品种、产量及生产期的蜜粉源状况的不同，即使是所谓的春浆，质量也有差别。一般是产蜜蜂种和产量少的蜜蜂生产的蜂王浆质量较好，科学的方法是使用高效液相色谱仪实际检测 10-HDA 的含量，并根据 10-HDA 的含量对蜂王浆产品进行分级。

23. 蜂王浆的"七怕"特性是什么？

蜂王浆有七怕：一怕空气（氧气），蜂王浆在常温条件下有很强的吸氧性，容易发生氧化；二怕热，高温会破坏蜂王浆的有效成分；三怕光线，光线就如同催化剂，使蜂王浆中的醛、酮物质分解；四怕细菌污染，蜂王浆在常温下很容易受到细菌污染，放置 15 ~ 30 天，颜色变成黄褐色，而且腐败，散发出强烈的恶臭味，并有气泡产生；五怕金属，蜂王浆有一定酸性，会与金属发生反应；六怕酸、七怕碱，酸、碱都会破坏蜂王浆的营养成分。蜂王浆的"七怕"特性，使其在储存、加工、包装、携带和消费等过程中都必须多加注意。

24. 蜂王浆有哪些理化性质？

蜂王浆部分溶解于水，在水中可形成悬浊液；部分溶解于高浓度乙醇（酒精），并产生白色沉淀，放置一段时间后分层；蜂王浆可溶解于浓盐酸或氢氧化钠，不溶于氯仿；蜂王浆的相对密度约为 1.08，略大于水，但低于蜂蜜；蜂王浆呈酸性，pH 3.5 ~ 4.5，酸度每 100 克在 53 毫升以下；折光系数 1.379 3 ~ 1.399 7。

25. 蜂王浆的主要理化指标是什么？

蜂王浆国家标准 GB 9697—2008 对蜂王浆理化指标做了明确要求，将蜂王浆分为优等品和合格品，其中优等品的水分 ≤ 67.5%，10-HDA ≥ 1.8%；合格品的水分 ≤ 69.0%，10-HDA ≥ 1.4%。无论是合格品还是优等品，蛋白质占 11% ~ 16%，总糖（以葡萄糖计）≤ 15%，灰分 ≤ 1.5%，酸度（1 毫升 / 升 NaOH）30 ~ 53 毫升 /100 克，淀粉不得检出。真实性要求：不得添加或取出任何成分。

《无公害食品　蜂王浆与蜂王浆冻干粉》标准编号为 NY 5135—2002。其中蜂王浆的卫生安全指标是：菌落总数（cfu/ 克）≤ 1 000；大肠菌群（MPN/100 克）≤ 90；霉菌（cfu/ 克）≤ 50；酵母（cfu/ 克）≤ 50；致病菌（系指肠道致病菌或致病性球菌），不得检出；砷（毫克 / 千克）≤ 0.3；铅（毫克 / 千克）≤ 0.5。

26. 影响蜂王浆成分的主要因素有哪些?

蜂王浆中各种成分含量的变化,在不同条件下是比较明显的。影响蜂王浆各种成分含量的主要因素有以下几个方面:①工蜂的日龄。②幼虫的日龄。③蜜蜂的食物。④蜜蜂的群势。⑤季节、地区和蜜粉源。但是目前也有研究表明,幼虫的日龄对蜂王浆中的蛋白质以及抗菌性等没有影响。

27. 工蜂日龄对蜂王浆成分有何影响?

泌浆工蜂的日龄对蜂王浆理化性质影响很大。研究证明,3 ~ 18 日龄工蜂所分泌的蜂王浆为白色,pH 为 4,蛋白含量高而糖含量少;而 18 ~ 23 日龄工蜂分泌的蜂王浆则较澄明,pH 为 4.5,蛋白质含量相对较少而含糖较多。

28. 蜜蜂的食物如何影响蜂王浆的成分?

蜜蜂食用不同的食物对所产蜂王浆的成分有一定影响。试验证明,蜜蜂食用天然蜂蜜、花粉和人工混合食料(黄豆面、干酵母、奶粉、鸡蛋粉等),所产蜂王浆的成分区别较大,食用天然食物生产的蜂王浆明显比食用人工合成食物的要好一些,不仅产量增加,其有效成分也有一定提高。

29. 不同季节、地区、蜜粉源如何影响蜂王浆成分?

不同季节、地区、蜜粉源,所产的蜂王浆成分也有一定差异。一般情况是,春季产的蜂王浆,其有效成分高于夏、秋季产的;湿润地区所产蜂王浆的水分稍高于干燥地区生产的;花期长、蜜粉源多的花源期所产蜂王浆,不仅产量高,其有效成分也相应提高。

二、蜂王浆的药理作用及医疗保健作用

1. 蜂王浆是如何被人们发现并风靡全球的？

1954 年，80 岁高龄的罗马教皇保罗十二世突患重病，在西医用尽各种药物治疗无效的情况下，一位叫盖齐（Dr. Galfszzi）的自然疗法医生建议他服用蜂王浆，一试，结果教皇竟奇迹般转危为安，并恢复了健康。1958 年世界养蜂大会上，罗马教皇亲自前往参加盛会，并详细阐述了蜂王浆的神奇医疗效果，盛称小蜜蜂是"上帝创造的小生物"，使蜂王浆备受瞩目，人们异口同声称誉蜂王浆为天赐的营养礼物，使人延年益寿，起死回生。从此，蜂王浆风靡全球。

2. 蜂王浆有哪些保健作用？

目前，已被国家食品药品监督管理总局批准的蜂王浆类保健品的保健功能有增强免疫力、调节免疫、抗疲劳、延缓衰老、保肝护肝、抗辐射、调节血脂、润肠通便、改善睡眠等。《中华本草》（由上海科学技术出版社出版）明确蜂王浆有九大药理作用：

（1）延缓衰老，促进生长　蜂王浆能延长果蝇、昆虫、小鼠、豚鼠及其他动物寿命，显著降低小鼠自然死亡率。蜂王浆还能加速小鼠、家兔等的生长发育；蜂王浆有促进组织再生能力，给机械夹伤或切断坐骨神经的大鼠饲喂蜂王浆，可使损伤初期病理变化减轻，切断的神经纤维再生加快，损伤神经的后肢反射活动恢复加快。蜂王浆还可使大鼠肾组织重量增加，再生活跃。

（2）增强机体抵抗能力　蜂王浆 10 毫克 / 只给小鼠腹腔注射 10 天，

对小鼠耐低压缺氧、耐高温能力有一定加强。

（3）对内分泌系统的影响　蜂王浆提取物能使未成熟小鼠卵巢重量增加，卵泡成熟加快，且性成熟时间与蜂王浆剂量成正比例关系。

（4）降脂、降糖作用及其对新陈代谢的影响　100毫克/千克和200毫克/千克的蜂王浆给高胆固醇饮食家兔分别注射7星期，能显著降低血清胆固醇（TC）水平，但对血清磷脂、三酰甘油（TG）等无明显影响。

（5）对心血管系统的影响　犬、兔、猫等试验表明，0.1～1.0毫克/千克蜂王浆静脉注射可使血压迅速降低，持续约1分即恢复。蜂王浆对试验性动物肝硬化有一定防治作用。

（6）对免疫功能的影响　蜂王浆500毫克/千克和10-HDA 50毫克/千克给小鼠灌服7天，明显增强小鼠腹腔巨噬细胞吞噬功能。

（7）抗肿瘤及抗辐射作用　蜂王浆及10-HDA与AKR小鼠白血病细胞或其他三种腹水癌悬液混合后，给小鼠接种，明显延长小鼠存活时间。10-HDA在小鼠辐射前或后饲喂，均有抗辐射损伤作用。照前饲喂可使小鼠肝、肾、脾等组织含氮量提高。

（8）抗病原微生物作用　蜂王浆对金黄色葡萄球菌、链球菌、变形杆菌、伤寒杆菌、星状发癣菌等有抗菌作用。低浓度仅可抑菌，高浓度则可杀菌。蜂王浆抗菌作用在pH为4.5时最强，pH为8.0时完全消失。蜂王浆对结核杆菌、球虫、利什曼原虫、枯氏锥虫、短膜虫类也有抑制生长的作用。

（9）其他作用　蜂王浆给予大鼠10天，发现0.5毫升/千克剂量可使血红蛋白升高。蜂王浆1:20 000的浓度能使离体兔肠有兴奋作用。

3. 蜂王浆为什么具有延缓衰老、延年益寿的作用？

国内外研究初步揭示，蜂王浆的抗衰老、延年益寿的机理主要有以下几个方面。

（1）清除自由基　人的衰老主要是体内自由基过多反应所致，蜂王浆中的 SOD、维生素 A、维生素 C、维生素 E 和微量元素硒、锌、铜、锰等是自由基清除剂。

（2）增强免疫力　人体免疫力功能下降是导致衰老和死亡的重要原因，蜂王浆中的维生素 C、维生素 E、牛磺酸、10-HDA、核酸、蛋白类活性物质以及微量元素硒、锌、铜、锰等能增强和调节机体免疫功能。

（3）调节内分泌　人体衰老过程与内分泌系统的调节功能有密切关系，蜂王浆有调节内分泌功能。

（4）抑制脂褐素积累增多　脂褐素积累过多可引起细胞大量死亡，从而使机体衰老。蜂王浆中大量活性物质能激活酶系统，使脂褐素排出体外，从而起到抗衰老作用。

（5）核酸作用　核酸是人体最基本的生命源，没有核酸就没有生命，如人体内核酸含量不足，就会影响细胞分裂速度，使蛋白质合成缓慢，导致机体损伤，病变衰老，以致死亡，蜂王浆中有丰富的核酸。

（6）抗突变和抗肿瘤作用　生命的衰老可由遗传物质的突变而引起，一定的突变会使人体细胞功能发生变化，从而造成组织器官的功能衰退，使机体衰老。生活环境的污染可造成细胞遗传信息突变，进而发生肿瘤，蜂王浆中的 10-HDA 等高生物活性物质以及维生素 A、维生素 C、维生素 E，和硒等微量元素均有抗肿瘤作用。

（7）防治老年多发病的作用　蜂王浆之所以能抗衰老和延年益寿，主要是因为其所含大量活性物质，对机体的神经系统和内分泌系统有激活和补充的作用，使老年衰退的机体各部的代谢和机能恢复和协调起来，改善机体各部分组织细胞的营养，从而使器官的功能很快得到恢复，使老年人常见病、多发病得到治疗，病症消失。常服用蜂王浆的老年人很少生病，精神焕发，精力旺盛。

（8）营养均衡作用　营养均衡是维持人体健康最重要的因素之一，而蜂王浆被营养界公认为"生命长寿的源泉"，正好有助于维持营养均衡，延缓衰老。

4.蜂王浆的抑菌作用如何？

蜂王浆具有明显的抗菌抑菌作用，对革兰阳性和阴性菌均有抑制作用，但是对阳性菌的抑制作用更强。蜂王浆之所以具有抗菌作用是因为蜂王浆中含有多种抗菌成分，已经验证具有抗菌作用的成分有抗菌蛋白（Royalisin）、蜂王浆主蛋白（MRJPs）、抗菌肽、10-HDA。正是蜂王浆的这种抗菌作用保证了刚孵化的蜜蜂小幼虫免受各种病菌的感染，为蜜蜂幼虫的生长和发育提供了天然的无菌环境和先天的免疫保护。

蜂王浆中的抗菌肽多数为 10～50 个氨基酸的短肽，多为正 4 和正 6 价电荷，可以和细菌膜表面的负电荷结合，改变膜的通透性，起到杀菌和抗菌的作用。这些抗菌肽除了能够和细菌的膜表面结合，还可以和细菌细胞内的 DNA、RNA 和蛋白质结合，从而抑制这些物质的合成，影响细胞壁以及细胞基本组成成分的合成，最终导致细菌功能紊乱、死亡。抗菌肽的抗菌作用还和氨基酸的序列有关，如果氨基酸的序列改变，抗菌能力也会改变。蜂王浆的醚溶成分表现出极强的抗菌活性，其中 10-HDA 在用碱中和后仍保持较强的抗菌活性。低浓度时，用 7.5 毫克 / 毫升的蜂王浆，即可抑制大肠杆菌、金黄色葡萄球菌、枯草杆菌、结核杆菌、星状发癣菌、表皮癣菌、巨大芽孢杆菌和变形杆菌；高浓度时有杀菌作用，对酵母菌的抑制作用较弱，易受酵母菌污染，在 25 毫克 / 毫升的浓度下，也能抑制其生长；10-HDA 对化脓球菌的抑制作用为青霉素的 1/4，对革兰阳性菌的抑制作用为阴性菌的 2 倍。蜂王浆对乙型链球菌高度敏感，对金黄色葡萄球菌和白色葡萄球菌为中度敏感，对肺炎双球菌为低度敏感。蜂王浆对假单胞菌、沙门菌、部分病原虫也有抑制生长的作用。

5. 蜂王浆抗菌强度与什么因素有关？

蜂王浆的 pH 与抗菌作用密切相关，pH 4.5 时，其抗菌作用最强；pH 7.0 时，其抗菌作用减弱。蜂王浆的稀释度与抗菌效果有着直接关系，其稀释度为 1 : 10 时，细菌于 30 分内被杀死；稀释度为 1 : （20 ～ 30）时，对链球菌仍有杀灭和抑制作用；稀释度为 1 : 1 000 时，其抑菌效果甚弱；稀释度为 1 : 10 000 时，不仅其抑菌作用消失，而且有刺激细菌繁殖的效果。

6. 蜂王浆抗炎消炎作用有哪些？

蜂王浆有一定的抗炎、消炎作用，对创伤、内患引起的炎症均有不同程度的抗御作用。动物试验证明，蜂王浆对小白鼠因不同原因引起的耳疾和足疾，均有很好的治疗作用。临床试验证实，对试验鼠实行腹腔注射（2

克／千克），用药 3 ～ 7 小时的作用最为显著，至 24 小时作用逐渐消失。专家发现，蜂王浆对某些炎症的抗御作用，可超过氢化可的松。

7. 蜂王浆对神经系统有何作用？

蜂王浆对于中枢神经系统具有很好的调节作用。蜂王浆含有的乙酰胆碱作为神经递质，能够促进神经传导。蜂王浆中特有的成分 cAMP-N_1 氧化物能够刺激神经元的分化，影响不同种类的大脑细胞的形成。蜂王浆使不同类型脑细胞的分化更加容易，包括神经元、星状细胞和树突细胞。而且蜂王浆可以促进海马体颗粒细胞（在认识过程中的功能）再生，改善神经元的功能。蜂王浆可能起到促进剂的作用，激活成熟大脑的神经干细胞，从而期望它分化形成神经元和胶质细胞。研究表明，蜂王浆可能会对帕金森病、阿尔茨海默病的神经发生的增加和神经元死亡有积极的影响。蜂王浆作为一种营养成分复杂的物质，能够滋养神经细胞，促进神经纤维和胶质细胞的形成，从而对于神经损伤起到修复作用。

8. 蜂王浆为什么可以健脑益智？

人脑的思维、记忆、判断力完全取决于大脑神经胶质细胞的数量。神经胶质细胞来源于动物蛋白，由多种氨基酸组成。蜂王浆中含有丰富的蛋白质和氨基酸，能为神经胶质细胞的增殖提供有力的物质保障。蜂王浆中丰富的乙酰胆碱（95.8 毫克／100 克）是增强记忆力的重要物质，为大脑神经细胞信息正常传导与思维提供了物质保证。乙酰胆碱在自然界中多以胆碱的形式存在，这些胆碱必须与人体内的乙酰辅酶 A 起生化反应后，才能合成具有生理活性的乙酰胆碱，而蜂王浆中它直接以乙酰胆碱形式存在，可直接被人体吸收利用，所以蜂王浆对治疗老年性痴呆症、记忆力下降有良好的效果。此外，蜂王浆中的氨基丁酸能抑制大脑的过度兴奋，使大脑劳逸结合，避免过度用脑造成的大脑老化。蜂王浆含有丰富的蛋白质和多种氨基酸以及大量的维生素（特别是 B 族维生素）与微量元素等，是大脑的重要营养物质，为大脑合成神经胶质细胞提供了必要的优质原料，大大增加了脑细胞的数量及活动量，保证高级思维活动的正常运行。

9. 蜂王浆能促进生长发育吗？

蜂王浆促进生长发育有以下几方面的原因：其一，蜂王浆含有丰富的、种类全面的氨基酸，氨基酸是合成蛋白质的基础物质，尤其蜂王浆中含有许多人体不能合成的、需要从食物中摄取的必需氨基酸，对人体各组织、各器官的生长发育有促进作用；其二，蜂王浆可使血蛋白（血色素）以及红细胞增加，从而促进造血功能；其三，蜂王浆有增加基础代谢和提高组织呼吸能力的作用。

10. 蜂王浆为什么能促进新陈代谢？

蜂王浆可使间脑机能更加健全，使自主神经机能保持平衡，充满活力。蜂王浆可促进内分泌活动和细胞再生，充分调动整个机体的旺盛活力，由于组织代谢功能的改善和再生功能的加强，使整个机体得到更新；蜂王浆中还含有与腮腺激素极其相似的物质，经研究证明，此种物质的主要作用是促进血清蛋白形成红细胞，从而使人体血液的携氧能力加强，促进新陈代谢，使人保持旺盛的活力，精力充沛。

11. 蜂王浆能促进造血功能吗？

口服或注射蜂王浆，可使红细胞直径扩大，并使血红蛋白数量及网状细胞的数量增多。患者食用蜂王浆 24 小时内血中铁含量显著增加，同时还发现血液中其他成分发生明显的变化，主要是白细胞总数开始增加，血小板数目也增多。蜂王浆还能减轻 6- 硫嘌呤对骨髓的抑制作用，可见蜂王浆对骨髓组织有保护作用，可强化骨髓造血功能。

12. 蜂王浆促进受损组织再生作用如何？

蜂王浆能显著地提高组织的再生功能，对肝脏组织、肾脏组织、神经组织、肌肉组织、表皮组织的创伤都有促进愈合的作用。动物试验表明，饲喂蜂王浆的小白鼠与不饲喂蜂王浆的小白鼠相比，在受同等创伤的情况下，愈合速度大大提高，愈合情况也更好。

13. 蜂王浆为什么能促进睡眠？

蜂王浆促进睡眠是通过抑制大脑的兴奋和对神经机能的调理这两方面的作用达到的。失眠患者可以大剂量食用蜂王浆，每次 20 克以上，通过蜂王浆中的有效成分抑制大脑皮层的兴奋，起到镇静催眠的作用。长期坚持食用蜂王浆可以调节内分泌系统，提高机体的抗逆力，改善睡眠，是标本兼治的好方法。蜂王浆中含丰富的氨基酸，其中有多种是脑神经的递质，能够抑制兴奋的大脑细胞，这些物质在大脑需要休息时，可起到抑制脑细胞活动的作用，使之进入催眠状态，并使睡眠深沉、轻松，有利于较快地解除疲劳。通过食用蜂王浆来改善睡眠，不仅可以提高入睡速度，还可提高睡眠质量，使睡眠深沉安静，醒来后特别清醒，没有昏昏沉沉的感觉，而且没有任何副作用。蜂王浆还可以使记忆力增强，工作效率提高。

14. 蜂王浆对老年病有何疗效？

老年病患者食用蜂王浆一段时间后，明显感觉食欲增加，精神好转，血压正常，体力和精力得到提高，面色红润，老年斑和皱纹明显减少。更年期综合征，是人体开始进入老年期时出现的一种疾病，是由于人体内分泌紊乱及自主神经机能失调所引起的常见病，主要症状表现为心情抑郁烦闷、脾气古怪暴躁、腰酸骨痛、食少失眠、头昏眼花、疲劳无力、性欲下降等。蜂王浆可以延缓内分泌腺体的衰退，促进内分泌机能，延缓更年期的到来，减轻更年期综合征的症状反应。

15. 蜂王浆在人体保健上的应用有哪些？

蜂王浆的神奇功效为其提供了广阔的应用前景。临床上，蜂王浆可用于提高体弱多病者对疾病的抵抗力；用于治疗营养不良和发育迟缓，调节内分泌，治疗月经不调及更年期综合征；作为治疗高血压、高血脂的辅助用药，防治动脉粥样硬化和冠心病；用于治疗创伤，促进术后伤口愈合；作为抗肿瘤辅助用药并用于放疗、化疗后改变血象、升高白细胞等；作为功能性保健品，蜂王浆可用于改变人体亚健康状态，它可增进食欲、改善睡眠，使人精力旺盛、活力充沛；用于特种行业，如高、低温作业，可提高人们抵御恶劣环境的能力；用于高辐射条件下的工作人员，可削弱放射性射线对人体造成的伤害；用于超负荷运动项目，可大大增加运动员耐力，迅速恢复体力，提高向极限挑战的能力。

16. 蜂王浆可以治疗哪些疾病？

蜂王浆治疗疾病范围较广，根据国内外临床实践，蜂王浆可以治疗以下多种疾病：动脉硬化、贫血、肾炎、糖尿病、尿路感染、肝炎、肺结核、牙周炎、红斑狼疮、慢性胃炎、胃及十二指肠溃疡、口腔溃疡、类风湿性关节炎、不孕症、性欲减退、发育不良、神经痛、神经衰弱、失眠症、支气管炎、高血压、高血脂、术后康复、口腔苔癣以及各种老年病和创伤愈合等病症。

17. 蜂王浆治疗糖尿病的效果如何？

糖尿病是由于胰岛素分泌绝对不足或相对不足引起糖、脂肪、蛋白质代谢紊乱的综合性疾病，并能引发多种疾病，可使患者丧失工作能力。现今，由于饮食结构的不合理，糖尿病患者越来越多，给患者本人和家庭带来巨大的痛苦。目前糖尿病还是医学界一个十分棘手的难题，虽然胰岛素和一些降糖的药物可以控制病情，但很难治愈，久服还有副作用。经过临床实践证明，蜂王浆可以调节人体的糖代谢，可以明显地降低血糖，对糖尿病有显著的治疗效果，且无任何副作用。

蜂王浆治疗糖尿病的机理

第一，蜂王浆中含有丰富的类胰岛素肽类，有调节人体糖代谢的作用。

第二，糖尿病的发生与胰腺细胞受损、功能失调和受体缺陷有关。蜂王浆具有修复受损细胞，使胰腺的 B 细胞代谢恢复正常，促使胰岛素分泌，达到调节血糖的目的。

第三，蜂王浆中含有丰富的微量元素，其中铬有降血糖的作用；镁参与胰腺 B 细胞的功能调节，可改善糖代谢指标，降低血管并发症的发生概率；镍是胰岛的辅酶成分；钙能影响胰岛素的释放；锌能维持胰岛素的结构和功能。

第四，蜂王浆中含有种类丰富的维生素，对脂肪代谢和糖代谢起到平衡作用，特别是蜂王浆中含有的乙酰胆碱，具有明显的降血压和降血糖的作用。

第五，蜂王浆中丰富的蛋白质和氨基酸能够调节蛋白合成的作用，因此对糖尿病患者的症状有缓解和减轻作用。

第六，蜂王浆对骨髓、胸腺、脾脏、淋巴组织等免疫器官和整个免疫系统产生有益的影响，能激发免疫细胞的活力，调节免疫功能，刺激抗体的产生，增强身体的免疫力，对糖尿病及其并发症有很好的疗效。

18. 蜂王浆抗癌作用的依据是什么？

蜂王浆有很强的抗癌作用，将癌细胞和蜂王浆混合注入小白鼠体内，可以阻止小白鼠体内的癌变。经科研证明，蜂王浆的抗癌作用主要是因为蜂王浆中含有丰富的 10-HDA，10-HDA 可以阻止癌细胞的繁殖。此外蜂王浆中还含有类腮腺激素和肝过氧化酶活动因子，这两类物质都具有很强的抑制癌细胞的作用。因此蜂王浆有很好的预防癌症的作用。

19. 蜂王浆抗辐射及抗化疗作用如何？

蜂王浆有较强的抗辐射作用，病人在放疗、化疗期间，坚持食用蜂王浆可以有效地减少放射线对人体的损害，维持白细胞和红细胞的正常水平。食用蜂王浆还可以恢复放射线对人体造成的不良反应，使患者食欲增加，白细胞恢复正常，不留放疗后遗症。这是因为蜂王浆能使遭到抑制或损伤的巨噬细胞激活和白细胞增多，其提高免疫能力和抗逆能力的作用在这时得到了体现。

20. 蜂王浆对肝硬化为何有良好效果？

蜂王浆含有丰富的蛋白质和 20 多种氨基酸，所含蛋白质中清蛋白约 2/3、球蛋白约 1/3，这与人体血液中清蛋白、球蛋白的比例大致相同；所含氨基酸大都是游离状态，易于被吸收利用，能使体内蛋白质分解下降，肝功能也有明显改善，对肝硬化、营养不良有良好效果。尤其是所含丰富的优质蛋白质和人体所需氨基酸，还具有开胃健脾、利尿、消水肿的作用，对肝硬化腹水患者极为有利。蜂王浆中有些氨基酸还有保肝作用，能帮助肝脏去除毒素，含量丰富的牛磺酸这一游离氨基酸，能促进胆汁的合成与分泌，对受损肝脏有促进恢复的作用，改善肝功能；蛋氨酸在肝内供给甲基保护肝脏，并有防止脂肪在肝中沉积的作用。蜂王浆所含的糖类能使肝糖原含量增加，促使肝细胞再生和防止毒素对肝组织的损害；所含丰富的B族维生素和叶酸等也有保护肝脏的作用，维生素B对合成肝糖原很重要，胆碱有驱脂作用，防止脂肪在肝中沉积。总之，蜂王浆具有营养肝脏、修复肝脏损伤、促进肝细胞再生、增强肝脏解毒能力、提高人体免疫功能等综合作用，因而对肝硬化有良好的疗效，既能治标又能治本。

21. 蜂王浆为什么对肾功能有保护作用？

蜂王浆的服用能处理和避免各种因素造成的肾脏的危害。第一，蜂王浆有很强的抗炎抑菌作用，蜂王浆抗感染能力强，服用蜂王浆即可抑制和杀灭链球菌等感染之源，避免引发肾炎。蜂王浆具有防治高脂血症、动脉粥样硬化和改善血液高凝状态的作用。蜂王浆降低血脂可延迟动脉损害，使高脂血症造成的动脉内皮细胞功能逆转，因此，蜂王浆能有效地防治肾小动脉硬化。在治疗肾病用药的同时，服用蜂王浆，不仅能提高传统药物的治疗效果，而且能减少或避免因药物造成的损害。在利用蜂王浆疗法，辅助治疗急慢性肾炎、多囊肾和肾病综合征等过程中，蜂王浆能恢复肾小球滤过膜对体内代谢的分辨自控能力，这是蜂王浆恢复肾功能的关键因素。

22. 蜂王浆治疗肿瘤的效果如何？

蜂王浆有较强的抑制癌细胞生长和扩散的功能，在对恶性肿瘤的综合治疗中具有一定的药用价值。蜂王浆对肿瘤的治疗一方面是因为蜂王浆中所含的有效成分对癌细胞有抑制作用，尤其是 10-HDA 抑制癌细胞的作用尤为明显；另一方面，蜂王浆可显著提高机体的免疫功能，增强患者自身对癌细胞的防御和杀死能力。大量的研究报告和临床实践证明，蜂王浆对胃癌、肺癌、乳腺癌、食管癌、脑癌、血癌等均有辅助治疗作用。尤其是对早期患者效果更好，对晚期患者也能延长生命。另外，现有的抗癌药物和放射治疗对人体的骨髓和免疫系统都会造成伤害，使白细胞锐减。而食用蜂王浆不仅能有效地提高治疗效果，而且能防止化疗和放疗的副作用。在临床上将蜂王浆作为放疗和化疗的辅助药物，可使患者的白细胞保持稳定，减少治疗对人体的损害。

23. 蜂王浆里什么成分对癌症有好处？

蜂王浆中的王浆酸（10-HDA）对癌症有好处，癌症可能因自由基而产生，自由基会损伤 DNA 或免疫系统。当人体免疫功能正常时，变异的细胞可能被具有免疫活性的细胞或相应的抗体识别、杀伤或消灭，使它不能够发展成癌症，10-HDA 具有提高人体免疫系统之功效。

24. 蜂王浆对神经系统疾病疗效如何？

蜂王浆对神经衰弱有显著疗效，可以迅速改善患者的食欲和睡眠，自觉症状明显减轻或全部消失，全面提高脑力及身体素质。神经系统疾病多为慢性病，一般食用蜂王浆后 1 个星期即可见效，快者 3 ~ 5 天可见好转，不仅症状减轻，患者体重也会逐渐增加，贫血得到改善。从蜂王浆对气血两虚型患者的疗效较好来看，蜂王浆起到了补气养血的作用，从而能改善睡眠，有利于恢复大脑皮层的活动功能。蜂王浆对精神分裂症有不同程度的疗效。临床实践证明，蜂王浆对抑郁型、单纯型、青春型等类型精神病的疗效较好，而对妄想型、幻觉型等类型的疗效次之。各类患者又以早期食用者效果为好。食用蜂王浆还可以抑制癫痫病的发作。蜂王浆还可以治疗神经官能症、坐骨神经痛、寰椎神经痛、肌痛、臂感觉异常、自主神经张力障碍等神经系统病。

25. 蜂王浆能医治肝脏病吗？

蜂王浆对损伤后的肝组织有促进再生的作用，用来治疗传染性肝炎可以收到满意的效果。用蜂王浆治疗急性传染性肝炎，食用后患者各种症状3~14天内均有明显好转，肿大的肝脏在3周内明显缩小，血清转氨酶10天内下降40个单位以上或恢复正常，其他指数检查亦明显好转。从中医辨证分型来看，食用蜂王浆的肝病患者，以乏力型（有效率68.7%）、食欲欠佳型（有效率84.6%）、迁延型（有效率90.5%）、慢性肝炎（有效率71.4%）效果较佳。还有报告证实，蜂王浆对黄疸型传染性肝炎的疗效非常好，黄疸平均4.5天减少，6.8天全部消失，肝脏肿大4.3天开始缩小，第8天恢复正常。

26. 蜂王浆能医治哪些肠胃病？

萎缩性胃炎是常见病之一，对人体的危害较大，食用蜂王浆能有效地预防和治疗。食用蜂王浆后，患者病情不同程度地得到改善，症状明显好转，食欲增加，睡眠改善，精力旺盛，体重增加，胃液检查胃酸明显增加。食用蜂王浆，可使胃炎旧病复发减少，消化机能提高。另外，胃及十二指肠溃疡、慢性胃炎、无食欲、恶心、胃下垂等病症，经过食用蜂王浆调理后，症状均可得到缓解。

27. 蜂王浆对心血管疾病有何疗效？

食用蜂王浆对心脏功能有较好的作用，可使心脏功能大大增强，可有效调整其跳动速度，使收缩能力提高，心律恢复正常。蜂王浆有软化血管和调整血压的作用，尤其是贫血性血压偏低或功能性血压偏高的症状，效果尤为显著。蜂王浆有双向调节高、低血压的作用，能使高血压降低、低血压升高，使之恢复正常。蜂王浆还有降低血脂和胆固醇、防治动脉粥样硬化的功能。缺铁性贫血者食用蜂王浆，也可以收到理想的治疗效果。因为蜂王浆中含有铜、铁等合成血红蛋白的原料，又有促进血液形成的维生素 B 的复合体，因此有强壮造血系统的作用。蜂王浆可使再生障碍性贫血、血细胞减少、血小板减少等症患者的机体状态得到改善，并能增加患者的白细胞和血小板数目，收到较好的治疗效果。用蜂王浆治疗心律不齐、心率过快、心动过缓等症，也有很好的疗效。

28. 蜂王浆能治疗哪些口腔病？

复发性口疮是发生在口腔黏膜上的疼痛性溃疡。用蜂王浆治疗复发性口疮，治愈率达 69.7%。患者食用蜂王浆止痛迅速，可以大大缩短溃疡期，经常食用，可有效减少口疮复发。口腔黏膜扁平癣是口腔黏膜上的一种慢性、潜在、非炎性疾病，为口腔科常见的复发病之一，目前尚缺乏有效的治疗方法，多有久治不愈的现象，但用蜂王浆治疗却能收到较好的治疗效果，总有效率为 91%。各种蜂王浆制剂对消除充血糜烂作用迅速，治疗过程中无痛苦，疗效显著。蜂王浆治疗牙周炎的效果也较好。

29. 蜂王浆是否既能治病又可滋补？

对病重体弱的患者，无论中医还是西医只能先治病，等病愈后方可慢慢滋补复壮。而用蜂王浆治病，由于它既具有多种药用功能又富含蛋白质、氨基酸、维生素、微量元素、酶类等营养素，在治疗过程中两者能巧妙结合，使治病、滋补同时进行，待疾病治好的同时身体也能强壮起来。坚持食用蜂王浆还可预防、治疗老年动脉粥样硬化，减少血栓的形成和心肌梗死的发生。

30. 蜂王浆为什么是运动员的理想营养品？

蜂王浆被医学界和营养界公认为天然高级营养滋补品，对运动员来说是一种功效卓著的体力增强剂。美国有一种为举重运动员、角力士和田径运动员办的体育杂志叫《肌肉的力量》，在 1958 年 4 月的一期上就有一篇文章专门论述蜂王浆对运动员的作用，并明确指出蜂王浆能阻止身体的退化，使中老年人"返老还童"。因为它能增进活力，使头脑稳定，恢复关节弹性，所以，蜂王浆是美国运动员的重要营养补充剂。加拿大多伦多体育学会同意把蜂王浆当作营养品给运动员食用。其实运动员在墨尔本奥运会比赛时及训练中已经使用蜂王浆。科学研究和分析表明，蜂王浆含有磷酸化合物（1 克蜂王浆含 2 ~ 7 毫克），其中 1 ~ 3 毫克是能量代谢不可少的三磷酸腺苷（ATP）。举重运动员能在瞬间把几百千克的杠铃凌空举起，主要是它的作用。兔子在田野能快速奔跑也是因为兔子腿肌中 ATP 含量很高。此外蜂王浆中的游离脂肪酸、类固醇素及多种常量、微量元素等，不仅能补充人体必需的营养成分，还能调节生理机能和机体新陈代谢，改善心肺功能和增强免疫功能。实践证明，蜂王浆是体力极度消耗后的强力补充剂，并能增强运动员的体力和耐力，使之保持良好的竞技状态，是运动员的理想营养品。

31. 为什么服用蜂王浆后不易感冒了？

感冒是一种呼吸道传染病，据《中国医药报》报道，1998 年南京市服用蜂王浆的消费者超过 10 万人，虽然人群身体状况不尽相同，但大多数消费者一个共同的感觉就是体质增强了，不感冒了。专家研究发现，食用蜂王浆对免疫系统有三大功效：一是调节内分泌，从而稳定免疫系统；二是清除体内有害物质，保护免疫系统；三是提供维生素、矿物质、氨基酸等物质。因此食用蜂王浆能增强抗体产生量，显著增强细胞免疫功能，对骨髓、淋巴组织及整个免疫系统产生有益影响。免疫是"人体国防部"，强大了，病毒、病菌就不易侵入体内，自然就不感冒了。

三、蜂王浆的储存和食用说明

1. 如何购买蜂王浆？

如今蜂产品市场鱼目混珠，各种产品良莠不齐。消费者在购买蜂王浆产品时首先一定要选择信誉好的蜂产品专卖店或可靠的品牌，最好不要购买摊贩兜售的蜂王浆，千万注意别图便宜买了假冒伪劣产品；其次购买时要注意检查，起码对蜂王浆的感官指标要做详细的检查，尽可能避免上当受骗；最后，购买蜂王浆后必须及时进行低温储存，避免蜂王浆发生变质。

2. 怎样辨别蜂王浆产品？

第一，鲜王浆的气息与酚或酸相似，具有辛香气；味道复杂，酸、涩、辣、辛、甜五味俱全，以酸、辣为主，有刺激感。这种味道非常独特，自然界中几乎找不到与其有相似味道的食物，这是鲜王浆非常明显的感官标志。由于鲜王浆必须在低温下冷冻保存，所以在选购时一定注意其保存条件。

第二，由于蜜源植物、蜂种、气候等条件的影响，王浆的颜色也会有乳白色、白色、浅黄色、浅橙色等，功效并无差异。但如果发现颜色发暗、没有光泽或有较多气泡请勿购买。

第三，不管选购何种王浆制剂，都要选择正规厂家的产品。散装王浆由于卫生条件和产品质量无法保证，极有可能出现细菌超标、变质、掺假等现象，尽量不要选购。

3. 如何保存蜂王浆？

蜂王浆的珍贵之处在于其生物活性物质含量丰富，营养成分十分全面。这些生物活性物质在常温和阳光照射条件下极易遭到破坏和损坏，因此为了保持这些生物活性物质的稳定，保持蜂王浆的功效，就需要采用必要的保鲜手段进行保鲜，常用的手段就是低温冷藏。蜂王浆很"娇气"，怕光、怕热、怕空气、怕金属、怕酸碱、怕污染。家庭食用建议放入冰箱冷冻室储存，中国农业科学院蜜蜂研究所研究表明，鲜王浆在－18℃的条件下可以保存数年。蜂王浆冻干粉或胶囊说明书上注明要在阴凉干燥处保存。

4. 在服用蜂王浆时能否使用不锈钢勺？

蜂王浆具有弱酸性，对容器也有一定的腐蚀性，但不锈钢是稳定的，目前，加工蜂王浆的设备都采用不锈钢和塑料材质，所以服用蜂王浆可以使用不锈钢勺或塑料勺，但不可用其他金属勺。

5. 如何通过感官方法鉴别蜂王浆质量的优劣？

蜂王浆可通过颜色、状态、气味、口感等方法对其质量进行鉴别。

（1）目测　在光线充足的白色背景下，用清洁的用具取出蜂王浆，观察其颜色、状态及有无气泡、杂质和发霉变质。正常情况下，新鲜优质的蜂王浆应为乳白色或淡黄色，而且整瓶颜色应均匀一致，有明显的光泽感。由于受蜜源植物花种、取浆时间等方面的影响，个别的也有呈微红色，并非变质。蜂王浆常温下放置过久或已经变质，颜色就会加深变红，无光泽；蜂王浆中掺入奶粉、淀粉类物质或滑石粉等，一般颜色苍白，光泽差；掺有糊精或合成糯糊的蜂王浆则呈灰色、蓝灰色，无光泽，无新鲜感。

新鲜蜂王浆呈微黏稠乳胶状，为半流体，外观酷似奶油。手工采收的蜂王浆呈朵块花纹，机械采收、过滤后或储存过久的，朵块花纹消失或不明显。如果有浆水分层现象，则说明蜂王浆中掺水或已经开始变质；如果蜂王浆过稠，可能掺有糊精、奶粉等物质，说明是假的。新鲜蜂王浆无气泡，如果发现蜂王浆表面产生气泡，有两种可能：一种是倒浆时产生的，这种气泡较大、量小，弄破后消失；一种是发酵产生的，这种气泡小、量多，严重时还会从瓶盖上溢出来。纯净蜂王浆应无幼虫、蜡屑等杂质，在蜂王浆表面及瓶外盖与内盖之间等处无霉菌，瓶内外清洁卫生。

（2）鼻嗅　新鲜蜂王浆有浓郁而醇正的芳香气味，略带花蜜香和辛辣气。受蜜源植物花种的影响，不同品种的蜂王浆气味略有不同，不过差别不大。高质量的蜂王浆，气味醇正，无腐败、发酵、发臭等异味。如发现蜂王浆有牛奶味、蜜糖味或腐败变酸等其他刺激性气味，证明已经变质。

（3）口尝　取少许蜂王浆放于舌尖上，细细品味，新鲜蜂王浆应有酸、涩、辛辣、甜等多种味道。味感应先酸，后缓缓感到涩，还有一种辛辣味，回味无穷，最后略带有一点不明显的甜味。酸、涩、辛辣味越明显，蜂王浆的质量就越好；若酸、涩和辛辣味很淡，则说明蜂王浆的质量差或掺假了；若一入口就有冲鼻、强烈酸辣味或尝到涩味并有点发苦，说明蜂王浆味道不醇正、不新鲜了；如果蜂王浆甜味明显，说明已掺入蜜糖等；酸感浓而刺舌的，可能掺有柠檬酸。

（4）手捻　取少量蜂王浆用拇指和食指细细捻磨，新鲜蜂王浆应有细腻和黏滑的感觉。如手捻时有粗糙或硬沙粒感觉，说明掺有玉米面、淀粉等异物；冷冻的蜂王浆，由于蜂王浆中的重要成分10-HDA易结晶析出，所以手捻时感到有细小的结晶粒，但能捻化结晶体。手捻对黏度感觉比较小，黏感过大是不正常的。

6. 如何通过理化方法鉴别蜂王浆质量的优劣？

蜂王浆可以通过以下 6 种理化方法对其质量进行鉴别：

第一，测定 pH，一般应为 3.4 ~ 4.8（不在此范围内，即为假冒伪劣产品）。

第二，用快速水分测定法测定水分含量，一般不超过 70%（检查是否掺水）。

第三，用点燃的火柴接近蜂王浆，应无黄褐色颗粒迅速熔化（检查是否含有蜡质）。

第四，用蘸有碘试液的小玻璃棒划过涂有少量蜂王浆的白瓷板，划痕处不得显蓝色、绿色或红褐色（检查是否掺有淀粉）。

第五，取蜂王浆少许，置试管中，用少量蒸馏水稀释搅匀，加斐林试液数滴，水浴上微沸 1 ~ 2 分，取出观察，不得变红或红棕色（检查是否掺有蜂蜜）。

第六，有条件的话，通过液相色谱仪，检测 10-HDA，其含量不低于 1.4%（检查是否人为过滤掉 10-HDA）。

7. 如何通过水分高低鉴别蜂王浆质量的优劣？

新鲜蜂王浆的稀稠度比较正常，特别稀的含水量过高，特别稠的浆质过老，均不符合质量标准。检查的方法是，用消毒的玻璃棒插入盛蜂王浆的容器底部，轻轻搅动后向上提起，观察玻璃棒上黏附蜂王浆的数量。如果数量多，向下流动慢，表明稠度大，含水分少；黏附的数量少，向下流动快，表明浆稀，水分含量高。如有浆、水分层现象，则表明蜂王浆中掺有水。

8. 蜂王浆的表面为什么会有冰碴?

鲜蜂王浆中水分含量为64% ~ 67%,固形物只占30%多。有时鲜蜂王浆表面出现一些冰碴,是由于产品分装后,冷冻时间长,水分析出所致,并不影响质量(图3-20)。

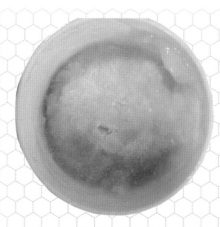

图3-20 冷冻蜂王浆(孟丽峰 摄)

9. 如何测定蜂王浆的 pH ?

新鲜蜂王浆的 pH 是 3.4 ~ 4.8, pH 升高或下降可表明蜂王浆储存时间长短及储存方法的好坏、腐败与掺假的程度。储存时间过长或储存方法不当,腐败变质或掺有柠檬酸等物的蜂王浆,其 pH 增高;掺有淀粉、糨糊、乳品的蜂王浆,其 pH 下降,质量降低。pH 的测定,较简便的方法是试纸测定。撕一块 pH 试纸插入蜂王浆中,片刻,取出,根据其显示的颜色与标准对照,即知 pH。此法简便易行,适于验收时采用。精确的测定方法是采用 pH 计来测定,一般实验室均可进行。

10. 蜂王浆的表面张力测定值为多少?

蜂王浆有一定的表面张力,用表面张力仪,在25℃时测定应为 $50 \times 10^{-5} \sim 55 \times 10^{-5}$ 牛/厘米。如果蜂王浆老化或储存不当引起腐败变质,其表面张力增大。掺入淀粉等假品,也会使蜂王浆的表面张力发生变化。

11. 蜂王浆中掺入牛奶的检验方法有几种?

蜂王浆中掺入牛奶后,朵块不明显,呈混浊状,有奶腥味。

检验方法一:取待检样品0.5克于试管中,加蒸馏水10毫升,搅拌均匀,煮沸冷却后,加入1克食盐,若出现类似豆浆一样的絮状物,即证明掺有牛奶。

检验方法二:取试管1支,装入0.5%的氢氧化钠溶液10毫升,在酒精灯上加热煮沸,离火,加入蜂王浆0.5克,搅拌均匀,色渐转淡薄清澈者为纯正;若出现云雾状并逐渐扩散沉淀,其颜色先是混浊后转微黄,不清澈,即证明掺有牛奶。相对密度增大,取1克待检蜂王浆溶解在10毫升1%氢氧化钠溶液中,摇匀静置后,即出现白色沉淀物。

12. 蜂王浆的产品剂型有哪些?

蜂王浆的产品剂型有纯鲜蜂王浆、蜂王浆冻干粉、蜂王浆片剂、蜂王浆软胶囊、蜂王浆硬胶囊、蜂王浆口服液、王浆酒、王浆花粉膏、王浆糖、王浆锭、洋参王浆片等多种剂型(图3-21)。

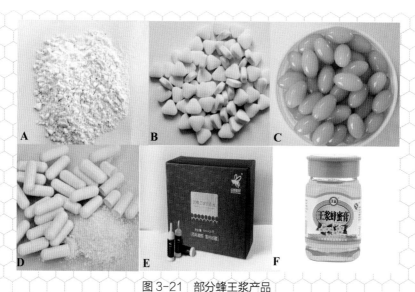

图 3-21　部分蜂王浆产品

A.蜂王浆冻干粉　B.蜂王浆口含片　C.蜂王浆软胶囊

D.蜂王浆硬胶囊　E.蜂王浆口服液　F.蜂王浆蜜膏

13. 什么是蜂王浆口服液?

　　蜂王浆口服液就是将新鲜蜂王浆或蜂王浆和人参等中草药复配,经提取、精制灭菌而制成的可对全部或局部起治疗作用,或起调节机体功能作用的水溶液制品。其配方设计是根据疗效或功能的最适用量、原料的配伍性、成品的适口性和感官特性等而进行的;其工艺流程通常为蜂王浆(复配中草药)的提取或精制→配料→过滤→含量测定检验→灌装→封盖→印字→灯检→包装。蜂王浆口服液较好地保持了蜂王浆的有效成分,调整了产品的色香味,提高了使用价值和商品价值(图3-22)。

图 3-22　蜂王浆口服液

14. 什么是蜂王浆冻干粉？

蜂王浆冻干粉是蜂王浆经冷冻干燥后的制成品，是将鲜王浆冷冻至冰点以下，冻结成固态，置于高度真空的冷冻干燥器内，在低温、低压条件下，使蜂王浆中的水分由固态冰升华成气态而除去，达到干燥的目的。蜂王浆冻干粉完好地保持了鲜王浆的有效成分和特有的香味、滋味，而且活性稳定，可在常温下储存 3 年不变质。其营养成分也大大浓缩，一般是 3 克鲜蜂王浆制成 1 克蜂王浆冻干粉，它是一种比较理想的加工制剂。

15. 什么是蜂王浆片或蜂王浆口含片？

蜂王浆与适宜的辅料通过制剂技术制成片状或异形片状的固体蜂王浆制剂，称为蜂王浆片或蜂王浆口含片、蜂王浆咀嚼片等。蜂王浆片携带、食用方便，是人们居家、旅行的便利保健品。

16. 什么是蜂王浆硬胶囊和蜂王浆软胶囊？

蜂王浆胶囊包括硬胶囊和软胶囊。这种剂型服用、携带都很方便，常温保存，也可避免一些人对王浆口感的不适应，但这种剂型成本较鲜王浆稍高，适合工作繁忙的人士。将蜂王浆冻干粉装入硬胶囊内即制成蜂王浆硬胶囊；将蜂王浆冻干粉与适宜的辅料经科学方法处理后灌入软胶囊内，称为蜂王浆软胶囊。

17. 什么是蜂王浆补酒？

蜂王浆补酒是蜂王浆佐以优质米酒浸取当归、杜仲、枸杞等多种中药的药液，并配入经糖化的黄酒科学制作成的一种营养与治疗兼有的功能性保健酒。成品酒黄褐清澈、气味芳香、滋味醇和；饮用后能促进新陈代谢，提高人体免疫力，增强体质，改善睡眠，并有活血行气、祛湿止痛、补肾壮阳等功效。

18. 蜂场怎样短期存放蜂王浆？

养蜂场由于流动性大，在没有低温冷冻设备条件时，所产蜂王浆应及时交售，如距交售地点太远，3～5天不能交售时，可采用下列方法暂时保存。①地坑保存。在蜂场驻地的室内或阴凉处，挖一深坑，将盛蜂王浆的容器密封，外用塑料袋扎捆，放入坑内，用土掩盖。②深水井储存。将盛蜂王浆的容器封闭好，使水不能浸入，放入水桶内，用网封住桶口，以绳子拴吊沉入深水井底层。③冷水储存。将盛有蜂王浆的容器密封好，放入冷水盆或水桶中，使瓶口高于水面，上面盖上湿毛巾，每3小时换一次水。④蜜桶储存。将盛有蜂王浆的容器密闭封口，沉入装有蜂蜜的蜜桶中。

19. 蜂王浆在生产、加工、运输和储存过程中如何保鲜？

1）要尽量使新鲜蜂王浆保持低温，一般认为，－7～－5℃可较长时间储存，不变质。

2）尽量避免蜂王浆长时间暴露于空气中，盛放蜂王浆的容器要装满封严，因为蜂王浆极易被空气中的氧气氧化变质。

3）尽量减少微生物污染的机会，保持生产、加工和储存蜂王浆用的器具和环境整洁，与蜂王浆直接接触的器具在使用前最好用70%酒精消毒，对生产、加工蜂王浆人员的卫生要严格要求。

4）尽量避免阳光照射，防止光照破坏蜂王浆质量。

5）一定要避免使用金属器具存放蜂王浆，防止蜂王浆中的酸性物质与金属反应，使蜂王浆变质。

20. 蜂王浆有无毒副作用？

蜂王浆属于天然产物，正常食用不会产生什么副作用。至今蜂王浆研究报告中，尚没有食用蜂王浆引发严重副作用的报道。有报告称，某患者食用蜂王浆后出现心跳加快、口干的反应，似乎是轻度过敏反应。前些年某报发表一篇文章，言称儿童食用蜂王浆易引起早熟，之后已被大量科学试验和临床实践所推翻。这是因为食用蜂王浆是有一定剂量的，用量较小且比较恒定（儿童食用更需注意剂量和实际效果），其中所含微量激素不可能引起儿童早熟，持此学说者只是人云亦云而已，没有什么科学依据。

21. 服用蜂王浆的副作用有哪些？如何避免？

蜂王浆的副作用大致有以下几种：过敏、腹泻、呕吐。

1）有极个别人（主要是过敏体质的人）在服用蜂王浆时，会产生轻微过敏反应,出现荨麻疹和哮喘等症状,但只要停止服用,并给予抗过敏药,症状会自行消失。

2）某些消费者对蜂王浆的口味不适应,蜂王浆的酸性物质对咽喉产生局部刺激导致呕吐,属正常现象。为避免蜂王浆的直接刺激,可将蜂蜜和蜂王浆调和服用,或者改服蜂王浆冻干含片或蜂王浆冻干粉胶囊。

3）某些消费者服用蜂王浆后会产生腹泻现象,是因为选择了饭后服用的关系。人们在饭后,肠胃会分泌大量的胃酸来帮助食物消化,然而胃酸对蜂王浆会有一定的破坏作用,若此时服用蜂王浆,会产生反应对胃部产生刺激,因此部分人群会发生呕吐现象。建议早晚空腹服用蜂王浆,不但吸收效果好,还能避免呕吐现象的发生。

22. 什么人不宜服用蜂王浆?

（1）10 岁以下儿童　因儿童正处在生长发育期,体内的激素分泌处于复杂的相对平衡状态,供应较为充足,蜂王浆内含有微量的激素,有可能导致儿童体内相对平衡的激素分泌出现失衡,影响正常发育。

（2）过敏体质者　即平时吃海鲜及药物过敏的人。因蜂王浆中含有激素、酶、异性蛋白等过敏原,有少数人服用蜂王浆会引起过敏现象,如发生皮肤、消化道或呼吸道等的不良反应。这不是蜂王浆的质量问题,如同有人吃鱼、虾过敏,不是鱼、虾有问题,而是一些过敏体质的人,对鱼、虾或蜂王浆中的异性蛋白产生了过敏反应。一旦发现过敏现象,应即时停用蜂王浆,严重时应去医院就诊。因此,必须在产品说明书上注明"过敏体质者慎用",对消费者负责。

（3）低血糖人群　蜂王浆中含有类似乙酰胆碱的物质，此类物质有降压、降低血糖的作用。

（4）肠道功能紊乱及腹泻者　因为蜂王浆有可能引起肠壁收缩，诱发肠胃功能紊乱，导致腹泻、便秘等。

（5）手术初期及孕妇　术后患者由于失血多，比较虚弱，此时食用蜂王浆，对伤口生长不利；蜂王浆会对孕妇的子宫产生收缩刺激的作用，影响胎儿的正常发育。在蜂王浆产品说明书上把儿童作为不适宜人群，避免因营养过剩导致儿童早熟，但对于体弱多病、严重营养不良及贫血症患儿，可用蜂王浆辅助治疗，这在国内外都有临床报道。因蜂王浆有较强的生物学功能，胎儿在母亲体内发育时较容易受到干扰，所以孕妇不宜服用蜂王浆。

（6）肥胖者　蜂王浆可使机体内部调节能力增强，会使肥胖者更加能吃能睡，体重增加，易增加其他疾病出现的概率。

（7）女性雌激素含量高于正常值者　因雌激素含量高是引起乳腺小叶增生等妇科疾病的危险因素之一，所以此类人群要减少动物性食品的摄入量，这样可以减少相关疾病的发生。这部分人内分泌失调，造成雌激素含量偏高，她们自身就是乳腺病高发人群。雌激素偏高的人群只是一部分，大多数人是正常的，而且，有相当一部分女性更年期后雌激素是低下的。因此，对蜂王浆"因人而异"，雌激素高于正常值的女性，不宜服用蜂王浆；雌激素水平正常的人可以服用蜂王浆；雌激素水平低下的人应该服用蜂王浆。

另外，肝阳亢盛及湿热阻滞者、黄疸型肝病者均不宜食用蜂王浆。

23. 服用蜂王浆时应注意哪些问题?

第一,绝对不能用沸水冲服,否则会破坏蜂王浆中的活性物质而影响其功效。如要冲服的话,也只能用温开水或凉开水,最好是直接服用后喝点温开水,既简单效果又好。

第二,要坚持,不能只服几天就停服,三天打鱼两天晒网是不可能收到预期效果的,贵在坚持。

第三,服用蜂王浆的剂量目前还没有统一的标准,应根据各人的体质情况来确定。一般来讲,凡是质量可靠的新鲜王浆,成年人保健剂量推荐每天 3 ~ 10 克;用于辅助治疗可酌情加大用量。

第四,蜂王浆是一种天然营养品,本来就是蜜蜂饲喂蜂王的食料,因此它和日常各种饮食及一般药物不会发生相互作用,所以服用蜂王浆不用忌口。但是,蜂王浆怕酸、碱,因此,要与含有酸性或碱性的药物间隔服用。

24. 蜂王浆的使用方法有哪些?

常见使用蜂王浆的方法有:

(1)吞服 直接将鲜蜂王浆或蜂王浆冻干粉、蜂王浆片剂含于口中,用凉开水送下,这是一种较为普遍的食用方法;也可以将蜂王浆与蜂蜜调和制成王浆蜂蜜,直接食用;喜欢饮酒的朋友,可以将蜂王浆和白酒调制成王浆酒饮用。

(2)含服 将鲜王浆或蜂王浆冻干粉、蜂王浆片剂放在舌下,慢慢含化,直接由口腔黏膜吸收。

(3)涂擦 将蜂王浆配制成软膏或化妆品等,用来涂抹伤患处或用于美容，可治疗烫伤、烧伤、皮肤病等，还能使皮肤光泽、白嫩，消除色斑和皱纹。

25. 食用蜂王浆的最佳时间是什么？

食用蜂王浆的最佳时间是清晨起床后（早餐前半小时）或晚上就寝前，在空腹状态下食用。因为空腹食用不仅吸收较好，而且也可减少胃酸对蜂王浆有效成分的破坏。作为治疗用的蜂王浆及其制品，在临床治疗上应遵医嘱。

26. 炎热的夏季能否服用蜂王浆？

在我国，一般人讲究夏天不补，是因为传统的人参、鹿茸和燕窝都为热补，老年人和慢性疾病的人夏天进补后会出现便秘和虚火上升等情况。而蜂王浆性平，清热解毒利大小便，坚持服用食欲好，睡眠好，精神好，免疫力提高，抗热抗病能力强，所以夏季服用蜂王浆非常有利。

27. 食用蜂王浆多大量合适？

蜂王浆的食用量因人、因情、因目的而异。一般情况下，成人营养、保健或美容食用蜂王浆每次 5 克左右，少年儿童减半；体弱多病者每次 10 ~ 15 克。极个别的（比如癌症患者）可增加到 20 ~ 30 克。蜂王浆制品依照包装盒中的说明服用。

28. 食用蜂王浆多长时间能见效？

蜂王浆属于营养保健品，对人体起的是补益和调理的作用，不会像药物那样有立竿见影的效果，需一段时间方能见效。食用蜂王浆见效时间的长短首先与食用者本人有关，不同的人因身体条件和吸收程度的不同，见效时间也不一样。其次与所要治疗的病症有关，用蜂王浆来治疗一些慢性病、疑难病，就要长期食用，一般 2 个月为一个疗程可有满意的效果，但为了巩固疗效、增强体质，最好长期食用。

29. 食用蜂王浆需要忌口吗？

使用中药和西药来治病时禁忌较多，有些药物的反应很强或有较大的副作用。而蜂王浆本来就是蜂王的食物，它和日常各种饮食及任何中西药物都不会发生相互作用，所以在食用蜂王浆时可以正常饮食，也可以正常服药治疗，没有需要忌口的。只要按规定方法配制和食用，不会有任何副作用。

30. 蜂王浆在人体美容上的应用有哪些？

人类在很早以前就知道用蜂王浆来进行美容，根据历史记载，著名的埃及艳后克里奥佩特拉就用蜂王浆来进行美容，并要求女仆保守这个秘密。据载，女王是当时最美丽的女人。蜂王浆含多种无机盐，能促进肝糖释放，促进代谢，可以被人体的表皮吸收，营养表皮细胞，促进和增强表皮细胞的生命活力，改善细胞的新陈代谢，加速代谢物的排除，减少代谢产物的堆积，减少色素沉积，防止弹力纤维变性、硬化，可滋补、营养皮肤，使皮肤柔软，富有弹性、光泽、细腻，还可以消除皱纹和推迟皱纹的出现，推迟和延缓皮肤老化。蜂王浆在化妆品上的应用主要是作为特效成分调入护肤品中，平常人们也可用稀释的蜂王浆来擦拭皮肤，女性也可用蜂王浆来做面膜。同时，蜂王浆还可预防和治疗多种皮肤病，对面部雀斑、黄褐斑等皮肤病疗效显著，有效率达85%以上。

31. 蜂王浆的美容机理有哪些？

蜂王浆在化妆品上的应用，引起大家的关注和兴趣，充分显示了蜂王浆的特殊功效。

（1）增强细胞活力　蜂王浆能促进和增强表皮细胞的生命活力，改善其新陈代谢，防止和延缓细胞老化。

（2）改善弹力纤维机能状态　蜂王浆能防止皮下弹力纤维变性和硬化，从而增加皮肤弹性，减少和推延皱纹的产生。

（3）滋补营养皮肤　蜂王浆在营养皮肤的同时，又可滋补皮肤，使皮肤滋润、柔软，推迟或延缓皮肤老化。

（4）保护皮肤，增强皮肤抗力　蜂王浆能减少皮肤代谢产物的堆积，增加皮肤对不良因子的抵抗能力，还具灭菌抗炎功能，使皮肤抗力加大。

（5）预防治疗多种皮肤疾病　蜂王浆在防治多种皮肤病中颇有效果，有人报告特制的祛斑蜂乳膏，除美容外，对面部雀斑等治疗的有效率达85%以上。北京友谊医院、中国人民解放军总医院等7家医院，用蜂王浆系列化妆品，对300例患有粉刺、黄褐斑、脂溢性皮炎等皮肤病症进行4～8周的治疗观察，结果总有效率为70%。受治者无一例出现过敏反应和其他毒副作用。这表明，蜂王浆是一种安全、高效、多功能的化妆品添加剂。

32. 蜂王浆能治疗哪些皮肤病？

牛皮癣是比较顽固的皮肤病，用鲜蜂王浆制成蜂王浆软膏进行综合治疗，可获得满意的效果，有效率达 88%。在脱发症的治疗中，由于蜂王浆含有多种氨基酸、维生素等重要营养成分，有利于头发的生长，特别是蜂王浆中的 10-HDA 对治疗脱发有独特的效果。临床上用蜂王浆治疗痤疮、褐斑、脂溢性皮炎、面部糠疹、老年疣、扁平疣等病，取得了 80% 以上的有效率。蜂王浆不仅有预防、治疗皮肤病的作用，而且有护肤效果，可使皮肤润滑、细腻、皱纹消失，故被广泛应用于化妆品中。

33. 如何使用蜂王浆美容？

蜂王浆具有很高的营养价值，一直是十分珍贵的营养品。高营养价值的蜂王浆其实也是美容护肤的极佳材料，以下是一些利用蜂王浆美容护肤的方法。

（1）小成本美容方法　先把脸彻底洗干净，用手指蘸少许蜂王浆均匀地搓在脸上，并轻轻按摩面部 2 ~ 3 分。10 分后就会感觉到脸开始有紧绷感，20 分后完全干透，用手轻触觉得不沾手后，用清水洗净，再搽点护肤霜即可。由于是外用，它所含的营养皮肤不可能完全吸收掉，所以从经济方面来考虑，用夏秋浆美容成本小。

（2）蜂王浆除皱护肤膏　将蜂王浆研细，加等量的白色蜂蜜，与之混合均匀，备用。每天早晚洗脸后取 2 克于手心，蘸少量水（以不黏手为宜）轻轻揉敷到面部，30 分后洗去。

（3）蜂王浆甘油祛痘

配方：蜂王浆 5 克，甘油 10 克。

用法：将蜂王浆研磨细，与甘油混合，充分搅匀，早晚各 1 次涂抹于患处。

作用：适用于面部痤疮患者。

（4）蜂王浆护发生发水

配方：蜂王浆 5 克，蜂蜜 5 克，1% 蜂胶乙醇液 2 毫升。

用法：将蜂王浆、蜂蜜、蜂胶乙醇液混合，调匀。傍晚洗发后，将之洒在头发和脱发部位，揉搓均匀，每 3 天 1 次，坚持 3 个月可显效。

作用：养发、护发、乌发，适用于脱发、断发、白发及黄发者。

（5）蜂王浆护肤蜡膜

配方：蜂王浆 5 克，蜂蜡 10 克，鱼肝油 5 克。

用法：先将蜂蜡加热熔化，拌入鱼肝油，搅拌成膏状，调入蜂王浆搅匀即成。每天睡前涂在脸部，轻轻按摩片刻，入睡，第二天清晨用温热水洗去。

作用：滋润皮肤，保护皮肤，养颜驻容。

（6）蜂王浆减皱养肤油

配方：蜂王浆 20 克，蛋黄 1 个，植物油 10 克。

用法：将蛋黄打入碗中，调入蜂王浆和植物油，搅匀成膏状。洗脸后取 5 克搓到脸上，保持 30 分，用温热水洗去。每周 2 次，或每隔 3 日 1 次，连用 7 ~ 10 次可显效。

作用：适用于干燥性衰萎的皮肤，可使皮肤爽净、细嫩，皱纹减少和消退。

（7）蜂王浆姜汁丰眉

配方：蜂王浆 5 克，姜汁 2 ～ 3 克。

用法：榨取鲜姜汁，与蜂王浆混合均匀，每天睡前将之涂抹于眼眉部位，于第二天清晨洗去，连续用 25 ～ 30 天，可显效。

作用：适用于眉毛稀少和眉毛脱落患者。

（8）蜂王浆增白祛皱花粉

配方：蜂王浆 20 克，破壁蜂花粉 20 克，蜂蜜 20 克。

用法：将以上三味混合调匀，制成膏，每天睡前洗脸后，取少量涂于面部，揉搓片刻，第二天清晨洗去。

作用：营养皮肤，增白养颜，美容去皱。

（9）蜂王浆牛奶护发液

配方：蜂王浆 5 克，鲜牛奶 5 克。

用法：将蜂王浆与鲜牛奶混合调匀。洗发后将之洒到头发及头皮上，轻轻揉搓头发和头皮，使之分布均匀，保持 30 分以上，洗去。

作用：养发护发，乌发生发，可使头发黑亮富有柔性，有效防治断发、黄发。

（10）蜂王浆润肤蛋清面膜

配方：蜂王浆 50 克，鸡蛋清 0.5 个。

用法：将鸡蛋清打入碗中，调入蜂王浆，搅匀，存入冰箱中。温水洗脸后，取 2 ～ 3 克揉搓到面部，保持 30 分洗去。每天 1 次。

作用：营养皮肤，滋润皮肤，可使皮肤红润细白。

（11）蜂王浆祛粉刺柠檬蜜

配方：蜂王浆 10 克，柠檬汁 8 克，白色蜂蜜 7 克。

用法：首先榨取柠檬汁，过滤后与蜂王浆、蜂蜜混合，调匀。每天睡前洗脸后，取 3 克涂到面部，轻轻揉搓片刻，第二天清晨用清水洗去。

作用：养颜、净面、驻容，可使皮肤柔嫩细腻，面部粉刺消退。

（12）蜂王浆除皱护肤膏

配方：鲜蜂王浆、白色蜂蜜各适量。

用法：取鲜蜂王浆和白蜜适量，以 1∶2 的比例调匀，晚上洗完脸之后取约黄豆大小的本品以 1∶5 的比例稀释，均匀涂抹于面部，约 20 分后以温水洗净。

作用：增加面部肌肤的弹性与光泽、锁住水分，具柔肤与去除死皮之功效。本品适用于肤色晦暗、干性肤质的人群。

（13）王浆粉面膜

配方：新鲜蜂王浆 5 克，淀粉 10 克，氧化锌 2 克。

用法：用清水适量将以上三味调拌成均匀糊状，每天早晚洁面后取适量本品擦涂面部或点擦局部，半小时后洗去，每天 1 次，30 天为一疗程。

作用：润肤玉颜、防皱，治疗和预防痤疮。

（14）王浆蜂胶美容膏

配方：鲜蜂王浆、油溶蜂胶液各适量。

用法：每晚洁面后取 1 克鲜王浆置于手心，加矿泉水数滴，再加油溶蜂胶液数滴，调匀后涂于面部，轻轻按摩，第二天清晨洗去。

作用：抗菌消炎，滋润皮肤，减少面部皱纹，保持光泽与弹性。

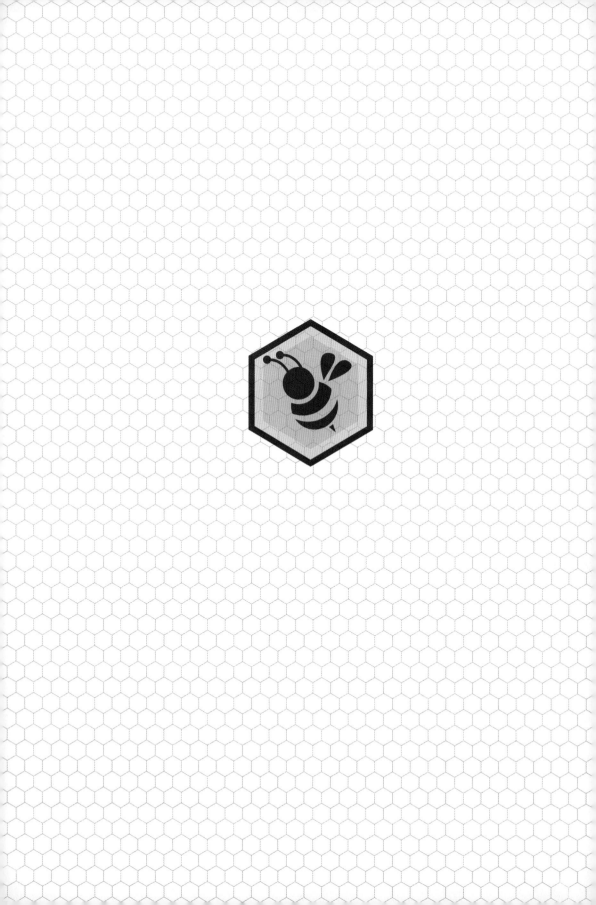

专题四

蜂　胶

　　蜂胶的英文名称是 propolis，源自希腊语，pro 的意思是在前面，polis 意思是城市，合起来就是在城市的前面，很好地诠释了蜂胶在蜂巢担任守护卫士的作用，正是由于蜂胶的存在，拥挤潮湿的蜂群才能免受各种病菌的侵扰。蜂胶是一种极为稀有的天然资源，被誉为"紫色黄金""血管清道夫""20 世纪最伟大的发现"。目前从蜂胶中共鉴定出 20 大类 300 余种物质，其中最主要的成分为酚酸类、黄酮类和萜烯类化合物，这几类化合物很多为中药材的有效成分，具有广泛的生理和药理作用。蜂胶具有广谱抗菌、消炎、镇痛、抗氧化、促进组织再生、调节免疫力、调节血脂等作用，对于糖尿病、糖尿病并发症、高血压、高血脂具有很好的调节作用。

一、蜂胶概述

1. 什么是蜂胶？

2009 年 12 月 1 日开始实施的国家标准《蜂胶》（GB/T 24283—2009）中，对蜂胶定义为："蜂胶（propolis）：工蜂采集胶源植物树脂等分泌物与其上颚腺、蜡腺等分泌物混合形成的胶黏性物质。"也可以说，蜂胶是工蜂从胶源植物的树芽、树皮等部位采集的树脂，通过混入蜜蜂上颚腺、蜡腺等腺体的分泌物形成的一种胶状物质（图 4-1、图 4-2）。

图 4-1　蜂胶毛胶（吴帆　摄）

图 4-2　蜂胶软胶囊（吴帆　摄）

2. 蜜蜂是如何采集蜂胶的?

蜜蜂采集蜂胶主要是以针叶树和阔叶树所分泌的树脂为原料,采集时先用它的上颚咬下一颗胶粒,用两足把持住,再用一只中足伸向口器下的两前足,然后它用这只中足把胶粒送到同侧后足的花粉筐,当它将胶粒向花粉筐上填装时,又伸出前足去探索新的胶粒。这样周而复始,直到填满蜜蜂花粉筐为止(图4-3、图4-4)。一只蜜蜂反复剥离蜂胶和向花粉筐内装填要花很长时间。飞回蜂巢需要其他蜜蜂的帮助才能把蜂胶从花粉筐中取出,这还要等待1小时甚至更长的时间才能卸完。蜂胶采集蜂通常是蜂群中较老的工蜂,它们的任务是采集、加工和利用蜂胶,它们均在上午出巢采集,回巢后用蜂蜡和上颚腺分泌物调制黏稠的蜂胶,并在下午用蜂胶来加固巢脾、填补缝隙或送到其他需要的地方。

图4-3　蜜蜂采集蜂胶

图4-4　采集蜂胶归巢的蜜蜂

3. 蜜蜂为什么采蜂胶？

1）蜜蜂将采集加工而成的蜂胶涂布在整个巢房的表面，用来杀菌、防腐，数万只蜜蜂生活在一个蜂箱里，很容易滋生各种微生物，要靠蜂胶抑制微生物的滋生，保护蜜蜂的生存环境。

2）蜜蜂用蜂胶调整蜂巢巢门的大小，以调节蜂箱内的温度；用蜂胶黏合蜂巢、堵塞缝隙，以防外敌入侵及雨水渗入（图4-5）。蜂胶是蜜蜂的健康卫士。据考证，蜜蜂已在地球上生存了1.3亿年。其间，地球经历了五次物种大灭绝，而小小的蜜蜂却能历经劫难，顽强地生存到今天，蜂胶起到了至关重要的作用。物竞天择，适者生存，由于蜜蜂成功地应用了蜂胶等天然物质，适应了严酷的环境变迁，进化成了生命力极强的社会性昆虫。

图4-5　蜜蜂利用蜂胶填补缝隙

4. 蜂胶在蜂群中起什么作用？

蜜蜂采集蜂胶的目的是为了自身的生存和发展，蜂胶在蜂群中的生物学意义有以下四点。

（1）蜂胶是蜂巢里的超级环保"涂料"　蜜蜂在育子、储存饲料、打扫卫生时都用蜂胶来处理巢房，经蜂胶处理的巢房不仅为蜂房中成长的"婴儿"创造了良好条件，而且对储存的蜂蜜、花粉有清洁防腐效用，又能防止巢内水分散逸，防止蜂蜜的发酵，抑制花粉萌发，使蜂粮得以长期保存。

（2）蜂胶是蜜蜂蜂巢的理想建筑材料　蜂胶具有很好的可塑性、很低的导热性和极好的延展性。蜜蜂不仅用蜂胶填补缝隙洞孔，而且随气候冷暖变化，蜜蜂也用蜂胶调节巢门通道的大小。此外蜜蜂还使用蜂胶加固垂直巢脾与巢框上梁的连接以及蜂箱中其他不牢固的地方。

（3）蜂胶是蜜蜂王国中的天然防腐抗氧化剂　在蜜蜂生活中，常常有一些不速之客如老鼠、蜥蜴、胡蜂等进入蜂巢，蜜蜂也会全力反击，把敌害杀死在蜂巢内，但面对硕大的敌害尸体，蜜蜂们无法把它们清理出蜂巢，聪明的小蜜蜂就用蜂胶和蜂蜡将尸体密封，制成蜜蜂王国的"木乃伊"，防止其腐烂而污染居住环境。

（4）蜂胶是蜜蜂的清洁消毒剂　蜂群内巢脾之间的通道均涂有蜂胶，每只蜜蜂经过巢门或通道时一定会用身体摩擦一下蜂胶，进行自身消毒。虽然蜂巢内的环境非常有利于各种微生物的生长，但蜂群内一直保持着清洁卫生。

5.蜂胶的颜色是什么样的？

《中华人民共和国商业行业标准　蜂胶》（SB/T 10096—1992）规定：蜂胶的颜色有棕黄色、棕红色，有光泽（优等品）；棕褐带青绿色，光泽较差（一等品）；灰褐色，无光泽（合格品）。《蜂胶》（GB/T 24283—

2009）规定：蜂胶的色泽有棕黄色、棕红色、褐色、黄褐色、灰褐色、青绿色、灰黑色等，有光泽。行业惯例看重蜂胶颜色。蜂胶产品的国际贸易和国内购销实践中，观色分类定等级，优质优价，是多年以来的行业惯例。蜂胶的颜色与胶源植物有关。来源于杨树类胶源植物的，蜂胶颜色鲜亮，多为棕黄色、棕红色等，有光泽；来源于桉树类胶源植物的，蜂胶颜色发暗，多为灰褐色、青绿色等，光泽较差。蜂胶颜色与积聚部位有关。在蜂巢内，蜜蜂积聚蜂胶的部位不同，其颜色也不同。蜜蜂有向蜂巢上方积聚蜂胶的生物学习性，蜂箱顶部的盖布、覆布、尼龙纱盖或竹木材料制作的格栅式集胶器具等处积聚的蜂胶，颜色鲜亮，多为棕黄色、棕红色，有光泽；积聚于铁纱盖或铁纱窗处的蜂胶，颜色发暗，多为黄褐色、褐色等，光泽较差；积聚于巢门处的蜂胶，由于缺少蜜蜂腺体分泌物（如多种活性酶和癸烯酸等）参与加工转化过程，从树脂类物质到蜂胶的加工转化过程不完全，颜色较差，多为灰褐色、青绿色、灰黑色等，无光泽。

棕黄色　　　　　　　　棕褐色　　　　　　　　绿蜂胶

图 4-6　不同色泽的蜂胶

6. 蜂胶国家标准（GB/T 24283—2009）对蜂胶的感官性质和理化性质是如何要求的？

（1）蜂胶乙醇提取物的感官要求　　结构：断面结构紧密。色泽：棕色、褐色、黑褐色，有光泽。状态：固体状，30℃以上随温度升高逐渐变软，且有黏性。气味：有蜂胶所特有的芳香气味，燃烧时有树脂乳香气，无异味。滋味：微苦、略涩，有微麻感和辛辣感。

（2）蜂胶的物理性状　蜂胶温度低于15℃时变硬、变脆，可以粉碎；高于25℃时逐渐变软，有黏性和可塑性；60～70℃时熔化成为黏稠流体；相对密度1.112～1.136，通常相对密度约1.127，能部分溶于乙醇，微溶于松节油，极易溶于乙醚和氯仿以及丙酮、苯、2%氢氧化钠溶液。约含55%树脂和香脂、30%蜂蜡、少量芳香挥发油和花粉等夹杂物。

（3）蜂胶的理化要求　对蜂胶一级品和二级品的乙醇提取物含量（克/100克）的要求分别是≥60、≥40，对蜂胶一级品和二级品的总黄酮（克/100克）的要求分别是≥15、≥8；对蜂胶乙醇提取物的乙醇提取物含量（克/100克）的要求都是≥95，对蜂胶乙醇提取物的一级品和二级品的总黄酮（克/100克）分别要求≥20、≥17；无论是蜂胶还是蜂胶乙醇提取物，氧化时间（秒）都要求是≤22。

（4）真实性要求　不应加入任何树脂和其他矿物、生物或其提取物质。非蜜蜂采集，人工加工而成的任何树脂胶状物不应称之为"蜂胶"。

（5）特殊限制要求　应采用符合卫生要求的采胶器等采集蜂胶，不应在蜂箱内用铁纱网采集蜂胶；不应高温加热、暴晒。

7. 蜂胶有哪些类型？

（1）杨树型蜂胶　主要位于欧洲、北美、亚洲、新西兰等地，源于杨属植物，主要活性成分黄酮、黄烷酮类、肉桂酸及其衍生物。

（2）绿蜂胶 主要位于巴西等地，源于酒神菊类植物，主要活性成分 P–香豆酸及其衍生物。

（3）桦树型蜂胶 主要位于俄罗斯等地，源于桦木属植物，主要活性成分黄酮、黄酮醇类（与杨树型不同）。

（4）红蜂胶 主要位于古巴、巴西、墨西哥等地，源于黄檀属植物，主要活性成分异黄酮类、紫檀素。

（5）地中海蜂胶 主要位于希腊、意大利等地，源于柏科植物，主要活性成分二萜烯类。

（6）克鲁西亚型蜂胶 主要位于古巴、委内瑞拉等地，源于克鲁西亚属植物，主要活性成分聚乙烯苯甲酮类。

（7）桉树型蜂胶 主要位于土耳其、突尼斯等地，源于桉树植物，主要活性成分芳香酸。

（8）太平洋型蜂胶 主要位于太平洋区域、冲绳、中国台湾、印尼等地，源于血桐属植物，主要活性成分 C–异戊二烯–黄烷酮类。

总体来看，温带及亚热带地区的胶源植物主要以杨属植物为主，热带地区的胶源植物有酒神菊类植物、黄檀属植物、克鲁西亚属植物等，其他报道的胶源植物还有血桐树、桦树、桉树、豚草、三角叶杨。北半球蜂胶的植物源主要是杨树属植物，南半球蜂胶的植物源则呈现多样性。地域性的差异和植被的不同决定了胶源植物的差异，蜂胶中多酚类化合物与其胶源植物的不同有关。由于世界各地蜂胶植物来源不同，其中含有的活性成分种类繁多，结构各异，功能也有所差异。

8. 目前市场上主要有哪些蜂胶产品?

据初步统计,全世界的蜂胶产品已有几十种,应用十分广泛,主要包括食用类、日化类产品。其中食用类包括蜂胶含片、蜂胶软胶囊、蜂胶口服液、蜂胶糖、蜂胶口喷剂、蜂胶口香糖、蜂胶丸等;日化类包括蜂胶护肤霜、蜂胶沐浴液、蜂胶香皂、蜂胶牙膏、蜂胶粉刺灵、蜂胶保鲜剂、蜂胶健肤液等。

9. 蜂胶中含有哪些化学成分?

蜂胶是一种复杂的混合物,由于蜜蜂采集季节和胶源植物的不同,蜂胶中各种有效成分的含量也有较大的差异。目前已鉴定出蜂胶中含有数百种黄酮类化合物,近百种芳香酸及芳香酸酯类化合物,20 多种酚类、醇类化合物,10 多种醛与酮类化合物,10 余种萜类化合物,50 多种有机酸和脂肪酸脂,有钙、硒、锌、铁、锰、铜、铬、锂、锶、镁、铈等 30 多种人体必需的元素和 20 多种氨基酸;还有多种糖类、酶类、维生素、烯、烃和其他具有生物学活性的有机化合物。蜂胶就像是一个"小药库",其最大特点是富含黄酮类和萜烯类物质,它们赋予了蜂胶许多奇妙而独特的生物学功能。医学家说,蜂胶是一种"药食同源"、具有明显生理药理作用的高级产物,能祛病强身。蜂胶成分之复杂、作用之广泛、成分间配合之奇妙,使许多科学家感到震惊,即使在科技高速发展的今天,人类也无法合成具有同样效力的蜂胶。

10. 蜂胶独特香味的作用是什么？

吃过蜂胶的人都知道，蜂胶有一种独特的香味。这种香味能令人镇静、安神和感到愉快。此外，还有杀菌和清洁空气的作用。蜂胶的独特香味主要来源于萜烯类物质。萜类是异戊二烯的衍生物，有线状的，也有环状的，都含有两个以上的异戊二烯残基，它们都具有特殊的香味。蜂胶的香味会因树种不同而有所差异。另外，蜂胶的储存方法、储存条件和储存时间的不同，也会使蜂胶香味的浓淡受到影响，而温度的影响最大，温度越高其香味越易挥发。因此，要保持蜂胶的香味要注意以上这些影响因素。如果在室内的空气加湿器中加入10滴左右蜂胶，不但室内香气四溢，清爽宜人，而且皮肤也不感到干涩。

11. 古代人是如何发现和应用蜂胶的？

人类早期真正认识和应用蜂胶的例证，在3 000年以前，考古学家发现，在与古埃及木乃伊同期保存下来的有关医学、化学和艺术的草纸书中就有蜂胶的有关记载。古埃及木乃伊不会腐烂和蜂胶有着密切的关系。一般认为，古埃及人用蜂胶作为木乃伊的防腐剂是一个伟大的创举。他们正是在与蜜蜂打交道的过程中，无意中看到了蜜蜂用蜂胶将入侵的大个体敌害包裹起来，看到了蜜蜂王国中的"木乃伊"，于是产生无限的联想，将蜜蜂制作木乃伊的方法用于制作人类的木乃伊，这无疑是一个伟大的创举。古希腊科学家亚里士多德在他的《动物志》中有蜂胶治疗皮肤病、刀伤和感染的记载。15世纪，秘鲁人用蜂胶治疗热带传热病。阿拉伯医书《医典》对蜂胶的特征和用途有更为详细的描述，并记述了蜂胶（书中叫"黑蜡"）

治疗溃疡的特征和用途。法国则于 18 ~ 19 世纪时，盛行使用蜂胶作为割伤的治疗药。1889 年，英国与南非间爆发的波瓦战争（1902 年结束）中，蜂胶混合凡士林作为受伤士兵手术后涂抹的药品发挥了极大的作用。

12. 为什么蜂胶不能作为普通食品生产销售？

食品主要以营养价值来体现，营养价值通常指食品中所含的热能和营养素。蜂胶为什么不是普通食品？是因为蜂胶的成分决定它不能用于充饥解饿，不能以提供营养和热量为主要目的而大量食用。蜂胶的价值在于其具有多种保健功能与疗效。所以，蜂胶不能作为普通食品，而是保健食品或药品的原料。保健食品经功能性试验和人体食用试验以及毒理性试验可以标示保健功能，而普通食品是不能标示保健功能的。2005 年《中华人民共和国药典》将蜂胶列为法定中药，明确蜂胶仅限用于保健食品原料。相关文件再次重申："胶产品纳入保健食品管理，不得作为普通食品原料生产经营"，要求"依法做好蜂胶产品生产经营和进出口的监督管理工作"，"请各主管部门，依照职责分工，依法查处涉嫌存在违法问题的蜂胶产品"。

13. 蜂胶中黄酮类物质有何作用？是否越多越好？

黄酮类化合物是人体必需营养素，人体内不能合成，只能从饮食中摄取，是生命运动不可或缺的调节机体生理功能的重要物质。蜂胶是自然界总黄酮类化合物含量最高的天然物质之一，其含量大大高出蔬菜、水果和植物药材等，是理想的天然黄酮补充剂。黄酮类化合物参与磷酸与花生四烯酸的代谢，蛋白质的磷酸化作用，钙离子的转移，自由基的清除，氧化还原作用，螯合作用和基因表达。大量的试验与临床证实，蜂胶中的黄酮类化合物的医疗功效有抗炎症、抗过敏、抗感染、抗肿瘤、抗化学毒物、抑制寄生虫、抑制病毒、防治肝病、防治心脑血管疾病等。蜂胶中的萜烯类化合物也具有很强的生理活性，其主要作用与黄酮类化合物有许多相似之处，其杀菌、消炎、止痛和抑制肿瘤的作用更为显著。

蜂胶之所以受消费者青睐，就在于它复杂的成分和对人体的综合作用。总黄酮含量仅是蜂胶产品的一个标志性成分指标，除总黄酮外，蜂胶还含有萜烯类和多种酶类物质、多种有机酸、多种微量元素等功效成分，有些不同成分的某些作用是相似的。蜂胶总黄酮含量高并不意味着其他功效成分也同比例提高。蜂胶的保健作用是多种功效成分共同作用的结果，不能完全以总黄酮含量多少来评价蜂胶的功效高低。经测定蜂胶原料中总黄酮含量在 5% ~ 22%，其中大部分在 8% ~ 15%。蜂胶乙醇提取物总黄酮含量绝大多数小于 24%。市售蜂胶产品中黄酮含量一般为 2% ~ 7%。

14. 蜂胶中的挥发油和萜类物质的主要生物功能有哪些？

挥发油又称精油，是蜂胶蒸馏所得到的与水不相混合的挥发性油状成分的总称。挥发油具有芳香气味，其基本组成为脂肪族、芳香族和萜类等三类化合物，以及它们的含氧衍生物如醇、醛、酮、酸、酚、醚、酯、内酯等。挥发油是药材中的一类活性成分，在临床上具有止咳、平喘、祛痰、发汗、解表、祛风、镇痛、杀虫以及抗菌和消毒等功效。萜类化合物可以看成是两个或两个以上的异戊二烯以各种方式首尾相连缩合而成。根据异戊二烯组成个数的不同分别叫单萜类、倍半萜类、二萜类、三萜类、四萜类、多萜类等。单萜和倍半萜多以萜烃或简单含氧衍生物的形式比较集中地存在于挥发油中，同时还形成环烯醚萜和树脂类成分广泛分布于植物界。二萜是形成树脂的主要成分，此外还形成二萜苦味素、酯及内酯类等。作为二萜衍生物的冬凌草素、雷公藤内酯以及假白榄酮等具有一定的抗癌活性。三萜以皂苷的形式广泛存在，它具有多方面的生物活性，是人参、远志、桔梗、柴胡、甘草、地榆等常用中药的有效成分。蜂胶除挥发油中含有单萜类和倍半萜类化合物外，蜂胶所含具有抗菌和抑癌活性的双萜也得到人们的重视。与蜂胶双萜相类似的化合物曾在烟褐叶苔中被发现。

15. 蜂胶含激素吗？

根据国内外有关科研机构、专家学者多年对蜂胶研究、分析的结果，迄今没有关于蜂胶含有激素的报道。我国检测机构 2010 年的检测结果再次表明，蜂胶不含黄体酮、雌酮、雌二醇、雌三醇、己烯雌酚、睾酮、甲睾酮等激素。蜂胶含激素之说，缺乏科学依据。

16. 蜂胶为什么被人们称为"紫色黄金"？

蜂胶被誉为"紫色黄金"有两方面原因，一是蜂胶含有黄酮类、萜烯类等大量生物活性物质和微量元素，具有抗菌消炎、抗肿瘤、促进组织修复等多种药理作用，临床上已广泛用于治疗皮肤病、溃疡、肿瘤、糖尿病等，是有效提高生命质量的天然佳品。二是蜂胶产量稀少，非常珍贵。在我国，一箱 5 万 ~ 6 万只的蜂群一年只能生产蜂胶 100 ~ 150 克，一只蜜蜂每次的采集量仅为 0.01 克。中国既是胶源植物资源大国，又是养蜂大国，年产蜂胶原料 300 ~ 400 吨。据初步统计，每年全世界的蜂胶产量比黄金还要少，因此把蜂胶称为"紫色黄金"，是比喻它的珍贵，不要误以为蜂胶的颜色是"紫色"。

17. 食用蜂胶会过敏吗？

少数人食用蜂胶后会出现过敏现象，一般来讲身体虚弱者和过敏体质者容易对蜂胶过敏。蜂胶过敏有三种基本规律，一是女性多于男性，至少女性比男性多 3 ~ 4 倍；二是天热时过敏人数增加，这可能与身体新陈代谢旺盛有关；三是外用大大高于内服，这可能是内服时，消化液可部分分解蜂胶中过敏原的缘故。蜂胶过敏基本表现为三大症状：其一，较为严重的过敏，主要表现在皮肤上，局部或全身出现丘疹，并伴随着瘙痒；其二，口部过敏，症状是嘴唇肿胀甚至发麻；其三，肠道过敏，具体症状是食用蜂胶后，下腹部不舒服，出现轻度腹泻。出现上述任何一种情况，建议暂停使用蜂胶产品，症状重者，最好服用一些抗过敏药。

18. 蜂胶致敏的物质是什么？

在医学上，将能引起身体过敏反应的物质叫作致敏原。蜂胶中的致敏原包括组成蜂胶的多种成分，如树脂、蜂蜡、花粉等。但是，每一个国家或地区的蜜粉源和胶源植物种类不同，蜂胶组分也会产生一定的差异，即导致过敏的成分也不尽相同。国内外科研工作者经过 20 多年的研究，对一些地区蜂胶的致敏原有了基本的认识，它们包括香脂、桂皮酸、桂皮醛、

咖啡酸苯乙酯、苯甲基咖啡酸、戊基咖啡酸、3- 甲基 -2- 丁基咖啡酸、

1，1- 咖啡二甲烯丙酯、水杨酸苄酯、桂皮酸苄酯和杨芽黄素等主要致敏物。

19. 测定蜂胶过敏的简易方法是什么？

极少数对蜂胶过敏者，当口腔的黏膜及舌尖一接触蜂胶就有异常反应，如发痒、发麻等。有这种反应的人一般就是对口服蜂胶过敏。对于外用蜂胶的过敏试验，可以借用皮肤测试的方法，即在手臂较为敏感的皮肤处，预先用蜂胶或蜂胶制剂做局部涂抹，过 10 ~ 20 分后查看涂抹部位的皮肤是否有丘疹等异常情况出现。如有异常情况发生，那就说明受试者对蜂胶有过敏可疑。一般说来对口服蜂胶过敏的人，大多数外用蜂胶时也会发生过敏反应。因此，在初次口服蜂胶时，预先做一下皮肤试验也是有益的。

二、蜂胶的生理活性及保健功能

1. 蜂胶具有哪些生理活性物质和保健功能？

蜂胶是集动物（蜜蜂）分泌物和蜜蜂采集的树胶分泌物为一体的复杂、奇妙的营养物质，它含有 20 余类 300 多种天然成分，其中包括 50 多种黄酮类物质、20 种酚酸、数十种芳香化合物、30 多种人体必需的微量元素，还有丰富的有机酸、萜烯类物质、维生素、多糖等具有生物活性的天然成分。蜂胶具有较多有效的保健功能，包括强抗氧化性、调节血脂、软化血管、活血化瘀、改善微循环及阻止脂质过氧化等作用。因此被科学家誉为"20世纪人类发现的最伟大的天然物质"，对高血压、动脉粥样硬化、糖尿病、

脑梗死等心脑血管疾病患者有很好的预防、保健作用。建议中老年朋友根据自己的条件合理服用。

2. 蜂胶抗氧化作用如何？

蜂胶具有良好的抗油脂氧化能力，其能力略高于同浓度的二丁基羟基甲苯（BHT）。蜂胶中含有的许多类黄酮、酚类、萜烯类和苷类化合物，有很强的抗氧化和清除自由基的能力，可防止或减缓各种过氧化物对机体的伤害。此外，蜂胶中不饱和脂肪酸、维生素 A、维生素 E、维生素 B_2、维生素 C 和微量元素硒、铜、铬等小分子物质也有抗氧化的作用。蜂胶的各种溶剂提取物均有抗氧化作用，均能够抑制清除机体外产生的 O_2^- 和 –OH 自由基，以达到抗氧化作用，而且蜂胶提取液清除 –OH 自由基的能力与总黄酮含量呈正相关。黄酮类物质对 2，2- 二苯基 –1– 苦肼基游离基有很强的抑制作用，并可清除这些自由基。蜂胶含有的 3，4- 二羟基 –5–异戊烯肉桂酸，其抗氧化能力比抗氧化剂二丁基羟基甲苯强。蜂胶还具有提高机体内超氧化物歧化酶活性，增强体内抗氧化和清除自由基的能力。

3. 蜂胶抗菌作用机理有哪些？

蜂胶是蜂群的防腐剂和抗菌剂，是蜂群的守护神，为蜜蜂群体免受病虫害侵染做出了巨大的贡献。现在普遍使用的人工合成抗生素，成分单一，作用面窄。一般是抗细菌效果好，抗病毒作用就差，抗病毒作用好，抗细菌效果则差，很难找到一种对细菌、真菌、病毒都表现出很好的抑制、杀灭作用的全能抗生素。大量研究证明，蜂胶成分复杂，对众多细菌、真菌、病毒能同时表现出很强的抑制或杀灭作用，是一种理想的广谱天然抗生物质，为开发新型广谱抗菌药提供了很好的原料。目前普遍认为蜂胶抗菌机理主要有以下三个方面：①抑制病菌多糖代谢的关键酶——葡糖基转移酶活性，干扰和抑制菌体的黏多糖代谢，从而抑制病菌对寄主的黏附作用。②干扰真菌的能量代谢系统。蜂胶提取物中肉桂酸与类黄酮成分能够破坏细胞质膜的能量转换系统，降低质膜电动势，而不产生能量 ATP，从而干扰了正常的能量代谢。③改变菌体的质膜透性。

4. 蜂胶对食品病原真菌的作用如何？

蜂胶对食品病原真菌有很强的抑制作用。Ozcan 等发现，4% 蜂胶水提液对青霉属、链格孢属、葡萄孢属等真菌的生长抑制率达 50% 以上，链格孢属和青霉属对蜂胶非常敏感。用适量蜂胶乙醇液喷射腐烂柑橘果实表面，可有效杀灭霉菌。1 克 / 升蜂胶水提取物可以完全抑制干酪中杂色曲霉的生长和具有强烈致癌作用的杂色曲霉素的产生，而 0.25 克 / 升的蜂胶在干酪成熟期也表现出显著的抑菌作用；蜂胶乙醇提取物可有效阻止黄曲霉孢子萌发，减少菌丝体生物量和黄曲霉毒素的产生，4 克 / 升的蜂胶提取物的抑菌效果与 1 克 / 升的灰黄霉素相近；寄生曲霉上也有相似的结果。酸奶中加入蜂胶提取物后保存期明显延长，且随蜂胶加入量的加大，酸奶的货架期更长，酸度变化越缓和，而酸奶的品质无不良影响。目前已经发现蜂胶由于其强抗菌性及抗氧化性，对果蔬、蛋品、乳制品、肉类及油脂等食品具有良好的保鲜效果，具有很大的商业开发潜力。

5. 蜂胶对医学真菌的抑制作用如何?

蜂胶提取液对念珠菌属具有显著的生物活性。念珠菌病是由念珠菌属,尤其是白色念珠菌引起的一类真菌病害。念珠菌可侵染皮肤、黏膜、指甲,而且还可以侵染胃肠道黏膜、气管、肺、心内膜和脑膜,对人类危害性较大。研究发现,20% 乙醇蜂胶提取液可以抑制所有从 HIV 阳性病人口腔内分离的白色念珠菌,效果与制霉菌素接近,而克霉唑、抑康唑常用的抗真菌剂对这些白色念珠菌没有抑制作用。蜂胶提取液对感染甲癣的指甲中分离的白色念珠菌、近平滑念珠菌、热带念珠菌均有抑制作用,在浓度为 0.25 克/升时,抑菌率达 90% 以上。1% ~ 10% 的蜂胶乙醇浸液或乙醚浸液,对常见的医学真菌如真癣菌、絮状癣菌、红色癣菌、铁锈色小孢子菌、大脑状癣菌、石膏样癣菌、断发癣菌、紫色癣菌等都有很强的抑制作用。蜂胶对红色发癣菌和须癣毛癣菌的抑菌效果与常用的抗真菌剂伊曲康唑、酮康唑、氟康唑相似,只是比特比萘芬的效果稍差。5% ~ 10% 蜂胶乙醇浸液分馏物能完全抑制曲霉属、青霉属、镰刀菌属、毛霉属、犁头霉属、根霉属等 14 种常见的深部感染霉菌的生长,当浓度达到 10% ~ 20% 有杀灭霉菌的作用。更为重要的是,蜂胶提取物的毒性远远低于合成的抗真菌剂酮康唑等。这表明,蜂胶将成为新型的广谱抗真菌剂开发的宝库。

6. 蜂胶为什么可以辅助降血脂?

降血脂的作用机理包括以下几个方面:促进外源性脂质分解代谢,抑制其合成转运及在动脉壁上的沉积;抑制内源性脂质的生物合成;抑制脂质在肠内的吸收,促进降解和排泄;抗脂质过氧化。蜂胶成分复杂,降血脂的具体机理尚不清楚。目前试验结果表明，蜂胶中含有多种黄酮类物质，如槲皮素、柯因、松属素和短叶松素等可作为调节动物机体血脂的功能因子。主要是通过与胆固醇或其转化物胆酸结合，从而抑制其在肠内的吸收，促进降解和排泄。蜂胶中的含量丰富的萜烯类化合物也有上述作用。此外，蜂胶中的黄酮可同时提高血液中高密度胆固醇的浓度来控制动物机体胆固醇和三酰甘油的沉积。蜂胶能促进肝脏的脂质代谢，促进组织细胞对三酰甘油和胆固醇的利用和降解，抑制三酰甘油和胆固醇与蛋白质的结合，抑制脂蛋白和血管壁胶原纤维蛋白的结合。同时，蜂胶又能促进肝脏合成高密度脂蛋白，升高的高密度脂蛋白又能转运已经和血管壁胶原纤维蛋白结合的三酰甘油和胆固醇、低密度脂蛋白和极低密度脂蛋白，恢复血管壁的正常结构和弹性，真正达到清理血液、软化血管的作用，是名副其实的"血管清道夫"。另外，蜂胶在降低血液黏度的同时，又能抑制血小板的聚集，对于预防血栓的形成具有积极意义。而蜂胶黄酮的直接作用，可使血管扩张，降低血压，对保护血管内膜的完整、抑制脂蛋白和血管壁胶原纤维蛋白的结合、抑制动脉粥样硬化的发生，又起到了很好的作用。

7. 蜂胶降血糖作用机理是什么？

利用高血糖和高血脂动物模型，探讨蜂胶对试验动物血糖和血脂的影响，结果表明蜂胶软胶囊在一定浓度时能明显降低四氧嘧啶糖尿病小鼠的空腹血糖值，且对正常动物的血糖无影响；能明显提高糖尿病模型小鼠对葡萄糖的耐受性；在一定范围内能明显降低高血脂模型大鼠的血清总胆固醇和三酰甘油水平，表明一定剂量的蜂胶能较好地调节小鼠的血糖和血脂。

蜂胶降血糖的机理可能与蜂胶中含有的黄酮和萜烯化合物有关，这两类化合物能够促进肝糖原的合成；蜂胶中的 B 族维生素是合成胰岛素的原料之一；蜂胶对糖尿病治疗药物有增效作用。

8. 蜂胶抗动脉粥样硬化作用如何？

动脉粥样硬化是严重危害人类健康的常见病和多发病，其发生机制涉及脂质代谢障碍、氧化应激、血管内皮细胞损伤、平滑肌细胞迁移增殖、巨噬细胞浸润，以及泡沫细胞形成和细胞坏死、凋亡等许多过程，因此针对其发病机制寻找药理作用广泛且无毒副作用的抗动脉粥样硬化药物或辅助药物无疑具有重要意义。近年来通过采用动物和细胞模型进行了一系列关于蜂胶抗动脉粥样硬化作用及其机制方面的研究，证实蜂胶抗动脉粥样硬化的机理主要有以下几个方面：

（1）调节脂质代谢　国内学者和本课题组分别在高脂血症大鼠和兔模型上证实，蜂胶明显降低血清总胆固醇、三酰甘油和低密度脂蛋白水平，并明显减轻动脉粥样硬化病理变化，提示蜂胶可通过调节血脂代谢发挥抗动脉粥样硬化作用。但大鼠和兔等高脂模型均存在与人血脂谱的巨大差异，不能充分说明对人血脂谱的影响，另外缺乏脂蛋白亚型和构成成分分析数据，因此蜂胶临床应用资料的收集、脂蛋白尤其高密度脂蛋白（HDL）亚型和构成成分及功能分析将是今后研究的重点方向之一。

（2）抗氧化应激　研究表明，蜂胶明显上调超氧化物歧化酶活性、抑制自由基生成，且有效抑制 Cu^{2+} 诱导的氧化型低密度脂蛋白形成。在体内和体外试验中均证实蜂胶提取物能显著增加 SOD 活性，并减少脂质过氧化产物丙二醛（MDA）生成，提示蜂胶可减轻脂质过氧化程度。

（3）保护血管内皮细胞　研究报道蜂胶活性成分咖啡酸苯乙酯可减轻大鼠颈动脉损伤模型中内膜增生程度。通过分别在肿瘤坏死因子 A 和脂多糖诱导的人脐静脉内皮细胞损伤模型上观察，蜂胶及其黄酮成分乔松素均可剂量依赖性地增强细胞活力，降低细胞凋亡率，其凋亡抑制机制正在研究中。

（4）调节巨噬细胞活性　文献报道，蜂胶醇提取物及其活性成分均能抑制脂多糖和干扰素 C 所诱导的巨噬细胞白细胞介素、诱导型一氧化氮合酶 mRNA 和蛋白表达及 NO 合成，且显著抑制轻微氧化修饰低密度脂蛋白所致人巨噬细胞凋亡。试验证实，蜂胶黄酮成分槲皮素能够明显降低巨噬细胞清道夫受体 CD36 mRNA 的蛋白表达，抑制巨噬源性泡沫细胞形成。

（5）调控血管平滑肌细胞增殖与凋亡　体外试验结果发现，蜂胶水提取液明显抑制血管紧张素 II 诱导的血管平滑肌细胞增殖，并在兔动脉粥样硬化模型上发现蜂胶显著降低动脉粥样硬化斑块中平滑肌细胞增殖指数和凋亡指数，且以抑制增殖程度更为明显，提示蜂胶可能通过调控细胞增殖和凋亡的失衡对早期动脉粥样硬化形成和晚期斑块稳定性产生一定影响。

（6）抗血小板黏附聚集活性　研究报道，蜂胶明显改善高黏滞血症大鼠全血比黏度、血浆黏度等血液流变学指标，对胶原暴露引起的血小板聚集和血小板 ATP 释放具有抑制作用。采用体外灌注法证实蜂胶醇提取液明显抑制流动血液中血小板在胶原蛋白膜表面的黏附活性。

9. 蜂胶抗癌抗肿瘤的机理是什么？

目前已有多份试验报告和论文证实蜂胶具有防癌抗肿瘤的作用，对其主要的机理总结如下。

（1）蜂胶中含有丰富的抗癌物质　蜂胶的成分相当复杂，现已从蜂胶中分离出300多种成分，如黄酮类化合物——短叶松素-3-乙酸酯、柯因、松属素、短叶松素、5-甲氧基短叶松素、高良姜素等，其中所含酮类、多糖、酶类、萜烯类、有机酸如咖啡酸苯乙酯等物质是一种天然的免疫刺激剂。这些化合物有的直接抑制或是杀灭癌细胞，有的是增强人体免疫功能作用，有的是使人产生生物反应调节剂（BRM）维持体内正常平衡，有的通过抗病毒、抗氧化作用消除诱发癌细胞的产生，有的增强酯多糖、刺激白介素-1、干扰素、肿瘤细胞坏死因子和吞噬细胞的生成。这些物质天然组合，相互之间协同作用，可提高机体免疫力，抑制DNA合成，从而对癌症患者有独特的治疗作用。

（2）抗突变　癌症形成的一个重要原因，是正常细胞经过长期的刺激产生突变而形成。氧自由基和酯质过氧化物可以使DNA损伤、交联从而引发突变。蜂胶中的黄酮类化合物是清除自由基和过氧化物的有效成分。蜂胶具有显著的抗氧化功能。

（3）调节机体免疫能力　众多的研究证明蜂胶是天然的免疫强化剂，能刺激丙种球蛋白活性，增加抗体生成，增强巨噬细胞吞噬能力，从而提高机体的抵抗力。

癌症早期：服用蜂胶可以快速提高患者免疫功能，有效抑制癌细胞生长，为进一步治疗、防止肿瘤的扩散转移赢得宝贵时间。

癌症中期：适用于手术前，手术与化疗、放疗合用，可提高抗癌效果，减轻放疗、化疗的毒副作用，防止癌细胞的扩散、复发和转移。

癌症晚期：服用蜂胶，可以减少癌细胞的转移，增加免疫力，改善症状，延长寿命。

康复期：服用蜂胶，可以防止残存细胞卷土重来，杜绝复发转移。

10. 蜂胶对糖尿病患者疗效如何？

糖尿病是因为胰岛素的荷尔蒙分泌不足，结果导致尿液中出现过多的糖分，造成尿糖。蜂胶可以说是糖尿病患者的保护神，因为蜂胶具有明显的降血脂、降血糖、软化血管等作用，对糖尿病患者有着非常重要的意义。通过专家多年的临床观察及广泛的实际应用，糖尿病患者坚持食用蜂胶提取物，可有以下几点好处。

第一，降低血脂，软化血管，改善微循环，可以防止视力下降及心脑血管并发症。

第二，消除炎症，预防和治疗感染性并发症。糖尿病患者的免疫力降低，再加上血液中含有大量糖分，很容易被病菌感染，引发炎症。坚持食用蜂胶，不仅可以排出体内毒素，还可以有效治疗各种感染，使久治不愈的症状得到控制。

第三，降低血糖，临床显示蜂胶具有很强的降糖效果。

第四，强化免疫，增强体质，提高生活质量。

第五，恢复体质，消除"三多一少"的症状。

11. 蜂胶为什么对糖尿病有良好的效果？

糖尿病并不可怕，可怕的是糖尿病引起的并发症。蜂胶降低血糖、预防和治疗糖尿病及并发症主要通过体内若干代谢得到新的平衡来实现，其途径主要有以下八个方面：①蜂胶中的黄酮类和萜烯类物质具有明显的降低血糖的作用。②蜂胶的广谱抗菌作用、促进组织再生作用，也是有效治疗各种感染的主要原因。③蜂胶是一种很强的天然抗氧化剂，并能显著提高 SOD 活性，食用蜂胶不仅可以减少自由基对细胞的伤害，还可防治多种并发症。④蜂胶有加强药效的作用，在注射胰岛素或服用一般降糖药效果不好时，可以加用蜂胶，能大大提高药效，明显降低血糖。⑤蜂胶的降血脂作用，改善了血液循环，并能抗氧化、保护血管，这是控制糖尿病及一切并发症的重要原因。⑥蜂胶中的黄酮类、苷类等物质，能增强三磷腺苷酶的活性，它是人体能量的重要来源，有供应能量、恢复体力的作用。⑦蜂胶中黄酮类物质、多糖物质具有调节机体代谢、增强免疫能力的作用，是提高机体抗病力、提高整体素质、防治并发症的重要基础。⑧蜂胶中含量丰富的微量元素，在糖尿病的防治中也具有重要作用。

12. 蜂胶治疗糖尿病需要多长时间？

蜂胶治疗糖尿病，不同患者疗效不同。临床证明，约有 39% 的患者血糖指数能在 1 周内逐渐恢复，94.7% 的患者在食用蜂胶 2 个月后能取得较好的效果。就一般情况而言，糖尿病属器质性疾病，需要长久性预防和治疗，而且在治疗过程中，血糖会随着情绪、饮食、运动情况以及用药量等发生波动。血糖波动并不可怕，可怕的是发生并发症，平时做好并发症的防治是至关重要的。用蜂胶治疗糖尿病，也需长期坚持食用，通过改善病体增强体质，使受损器官得到恢复，方可达到有效消除病患的目的。

13. 蜂胶是如何消除降糖药副作用的？

大多数糖尿病患者终身服用降糖药，如果按每天服用 2 粒来计算，10 年就是 7 000 多粒，因此糖尿病对患者最大的威胁不仅在疾病本身，降糖药的副作用也不容忽视。

常见的口服降糖药有五大类：双胍类（苯乙双胍、二甲双胍、美迪康）、磺脲类（格列本脲、格列吡嗪、格列齐特、格列喹酮、瑞易宁）、α‐糖苷酶抑制剂（拜唐苹）、胰岛素增敏剂（文迪雅、艾汀等）和餐时血糖调节剂（诺和龙）。它们有的是通过刺激胰岛 β 细胞产生和释放胰岛素来降糖，长期使用会导致自身胰岛素的分泌枯竭，最终不得不注射胰岛素；有的是改变胃肠功能降低食欲、减少糖的吸收、抑制糖类分解来达到降糖的作用，短期患者出现厌食、腹泻，长期会造成肠胃无法逆转的病变，甚至造成肝肾功能严重损伤。研究发现，蜂胶不仅对糖尿病的并发症疗效确切，在消除降糖药副作用方面的功效更是显著。首先，蜂胶从根本上对胰岛进行修复，3 ~ 6 个月后患者血糖会降到安全平稳的状态，降糖药的服用剂量必然会减少，甚至停服，从根本上降低了降糖药的副作用。另外，蜂胶能够迅速修复肠胃黏膜，使肠胃功能恢复正常，同时蜂胶充分发挥药典《中华本草》中记载的保护肝肾的功效，从而有效消除降糖药的副作用。

14. 糖尿病患者血糖正常后是否可停掉其他降糖药?

糖尿病患者一般不宜随便停药,容易引起血糖反弹,严重时引起危险。

蜂胶有良好的降糖效果,特别是蜂胶能预防和治疗各种感染,能软化血管,净化血液,改善血液循环,还可防治心脑血管等并发症。蜂胶的抗氧化作用能显著提高免疫力,对糖尿病患者来说各项指标正常时逐步减少西药的用量,保持健康正常的生活很关键。

15. 蜂胶对高血脂患者有哪些医疗保健作用?

高脂血症是冠心病、脑血栓、动脉粥样硬化的危险因素之一,患者的血脂(血清胆固醇、三酰甘油)含量偏高,会产生多种疾病。降低血脂含量,是预防疾病、强身健体的重要内容。蜂胶具有显著的降血脂作用,有明显降低血清三酰甘油、胆固醇、血液黏度、血浆黏度的作用,可以调节人体红细胞压积、纤维蛋白原及血小板黏附聚积率等血液病有关的临床检验指标。

16. 蜂胶对高血压病患者疗效如何?

高血压的原因是血液中的胆固醇、三酰甘油过高。随着年龄的增长,血管也像其他器官一样,逐步老化、硬化,从而使人体血压增高来促进血液循环。血压过高不仅会进一步加快血管硬化,还会导致血栓形成或脑动脉血管破裂等危险发生。连续食用富含黄酮类物质又具有很强的抗氧化能力的蜂胶,不仅可以减少过氧化脂质对血管的危害,防止血管硬化,而且还能有效地降低三酰甘油的含量,减少血小板聚集,改善微循环,可以降低过高的血压，防止意外事故发生。因此，中老年人，尤其是高血压、心脏病、动脉硬化患者，经常食用蜂胶，对健康长寿颇有裨益。

17. 蜂胶解酒保肝的作用如何？

蜂胶中富含的总黄酮、总酚酸、萜烯类物质，能够调节转氨酶活性，降低血清转氨酶浓度水平，改善肝细胞生物膜活性与通透性，调节肝细胞氧化代谢功能，稳定和清除过剩自由基，消炎解毒，修复肝组织细胞的病变损伤，防止中性脂肪堆积及肝硬化的发生发展。坚持食用蜂胶的人，由于肝功能的改善，提高了分解转化酒精的能力，酒精耐受力有不同程度的提高，不容易出现醉酒，可有效达到解酒保肝的作用。

18. 蜂胶防治胃肠疾病的机理有哪些？

胃肠疾病多为炎症、感染和溃疡等病症，病因多，病情复杂，或兼而有之，较难治愈。蜂胶含有众多的药用成分，是药用成分的浓缩物。蜂胶具有广谱抗生作用，可同时对真菌、病菌和病毒有抑制和杀灭作用。与传统医药相比较，蜂胶防治胃肠疾病具有显著的效果。

（1）抗菌作用　蜂胶中含有松属素、高良姜素和柯因等类黄酮，还含有芳香酸及萜烯类化合物等药用物质，所以蜂胶具有诸多的抗菌作用。特别是革兰阳性菌和抗酸菌对蜂胶提取液最敏感。蜂胶对革兰阴性菌的作用，主要是通过激活机体巨噬细胞增强非特异性免疫功能，抑制和杀灭革兰阴性菌（包括幽门螺杆菌）。

幽门螺杆菌是胃肠疾病的主要诱因，传统药物在对胃肠疾病的治疗中，很难抑制和杀灭这种病菌，所以难以治愈。据医学研究证明，幽门螺杆菌是一种生活在胃里的革兰阴性菌，蜂胶中含有抗幽门螺杆菌的类黄酮等成分，这些成分的活性可与抗溃疡药相比。

（2）抗病毒　蜂胶含有的成分中，具有明显的抗病毒作用，抗病毒的活性也较高。据医学试验报告，蜂胶中的高良姜素、山柰酚、槲皮素等成分有显著的抗病毒活性。蜂胶中的黄酮醇化合物的抗病毒作用大于黄酮类化合物，它们之间还有协同抗病作用。巴西、捷克斯洛伐克等国科学家研究表明，蜂胶对 A 型流感病毒、疱疹病毒、牛痘病毒、腺病毒、脊髓灰质炎病毒、伪狂犬病毒等有抑制作用。我国戴自奇等人检测表明，蜂胶中的柯因和莰非醇对抑制不同类型的疱疹病毒、腺病毒的复制有很强的活性；槲皮素和柯因也能降低各型疱疹病毒、腺病毒的感染率。

蜂胶抗病毒的广泛性，不仅表现出对动物性致病病毒有效，还对植物性病毒有良好的作用。此外，蜂胶对多种感染性病毒和非感染性病毒均有良好的抑制和杀灭作用。蜂胶在抗病毒的同时，对其他一些毒素、类毒素也具有抵抗功效。因此，蜂胶能有效防治多种病毒性疾病，包括受幽门螺杆菌感染的胃肠疾病。

（3）抗炎镇痛　医学研究证明，蜂胶提取液在高浓度时，对脂质氧化酶、NADPH 氧化酶和髓过氧化酶产生影响，表明蜂胶清除自由基，间接产生酶抑制作用。蜂胶有效成分清除自由基、抗氧化的作用，是蜂胶抗胃肠疾病的主要机制。

在国内外的临床应用中发现，蜂胶能与炎症浸出物及黏蛋白络合形成复合体，包绕细菌使之失去贴附上皮细胞的能力并杀灭之。同时蜂胶具有良好的成膜性，保护了胃黏膜。蜂胶中的活性因子可使被破坏的腺体修复，通过免疫调节清除血中的抗壁细胞抗体，使慢性胃炎和溃疡病从根本上得以治疗。服用蜂胶后的胃炎、胃溃疡患者，胃部疼痛逐步消失，多数患者在坚持服用蜂胶后，幽门螺杆菌感染转阴，溃疡消失，疾病痊愈。

蜂胶成分中的松属素、桦球素和咖啡酸酯等化合物，对机体具有较强的麻醉、镇痛作用。止痛药只能减轻一时的痛苦，且很容易形成依赖性。蜂胶确有镇痛作用，其机理在于：它不是专门的止痛药，它是天然产物，是直接针对胃病、胃肠肿瘤病灶部位，控制病情，减轻病症，从而减轻病人的痛苦，无任何毒副作用。

（4）增强免疫功能　胃肠病患者服用蜂胶能增加抗体产生，使血清总球蛋白和丙种球蛋白增加，增强白细胞和巨噬细胞的吞噬能力，提高机体特异性和非特异性免疫能力。同时，使机体血清总蛋白和丙种球蛋白合成量增加，并使免疫出现早且持续时间长。

蜂胶是一种天然的高效免疫增强剂，它不仅能显著增强吞噬细胞的吞噬能力，还能对胸腺、脾脏及整个免疫系统产生有益的影响，增加抗体生成量，显著增强机体免疫功能，使机体免疫功能处于动态平衡的最佳状态，增加患者抗病力和自愈力。

（5）抗氧化和清除自由基　蜂胶具有显著的抗氧化和清除自由基的作用。服用蜂胶有助于预防胃肠病，可对久治不愈病情恶化者进行有效的治疗。蜂胶中含有的抗氧化和清除自由基的物质有黄酮类物质、苷类、茶多酚、不饱和脂肪酸、维生素 A、维生素 E、维生素 B_2、维生素 C 和微量元素硒、铜、铬等，这些物质分子量小，容易被肠胃吸收利用。黄酮类物质对 2，2- 二苯基 -1- 苦基肼基游离基有很强的抑制作用，并可清除这些自由基。

蜂胶含有的 3，4- 二羟基 -5- 异戊烯肉桂酸，其抗氧化能力比抗氧化剂二丁基羟基甲苯强。蜂胶还具有提高机体内超氧化物歧化酶活性，增强体内抗氧化和清除自由基的能力。蜂胶中含有的许多黄酮类、酚类、萜烯类和苷类化合物，有很强的抗氧化和清除自由基的能力，可防止或减缓各种过氧化物对机体的伤害。服用安全无毒的蜂胶，补充天然抗氧化剂，是治愈胃肠疾病的有效途径。

19. 蜂胶有抗癌抑癌作用吗？

通过癌细胞体外培养和动物试验证实，蜂胶对癌细胞生长有明显的抑制作用。研究证实，肿瘤的发生发展原因很多，其中体内过剩的自由基与癌症密切相关。自由基扩展的连锁反应，促进了肿瘤细胞的快速分裂增生。蜂胶中含有丰富的抗肿瘤物质，能有效清除体内各种自由基，防止它们对正常细胞的侵袭。蜂胶中抑制肿瘤细胞生长活性最强的有咖啡酸苯乙酯、皂草黄素、儿茶素、阿替匹林等。

蜂胶具有抗病毒活性和抗氧化作用，以及强化免疫的功能，因此，能抑制致癌物质代谢，增强正常细胞膜活性，分解癌细胞周围的纤维蛋白，防止正常细胞癌变或癌细胞转移。

三、蜂胶的外用偏方

1. 如何用蜂胶治疗口腔溃疡和牙周炎？

口腔溃疡的发病原因比较复杂，许多因素都可以导致口腔溃疡，比如说内分泌紊乱、精神紧张、营养失衡、维生素缺乏、微生物感染等。要想根治口腔溃疡，根本的途径就是从均衡营养、调节内分泌、增强身体素质等方面着手。经常患口腔溃疡的人要加量补充维生素，特别是补充维生素 B_1、维生素 B_2、维生素 B_6、维生素 B_{12} 及维生素 C，平时要多吃新鲜的蔬菜、水果、粮食，吃新鲜的蜂花粉、蜂王浆等食物，同时要保持心情乐观、睡眠充足、口腔卫生。蜂胶中黄酮类化合物中的白杨素、芹菜素、金合欢素、槲皮素、高良姜素、山柰酚、山柰甲黄素、松鼠素、乔松酮、短叶松素等以及某些萜烯类、酚酸类物质都具有非常好的抗菌消炎和麻醉作用。蜂胶对口腔疾病有特殊效果，用蜂胶治疗口腔炎症，比较简单的方法就是将蜂胶液直接滴在溃疡或牙龈发炎处，不仅能够很快止痛，还能够马上形成一层薄薄的蜂胶膜。这层蜂胶膜不易被唾液溶解，能覆盖在患处数小时，连续用蜂胶后，一般短期内即可痊愈。在喉部炎症发生时，可在喉咙患处滴 3 ~ 4 滴蜂胶，或用蜂胶水漱口，连续使用几次，即可缓解疼痛，基本消除炎症。

2. 如何用蜂胶治疗牙痛？

蜂胶治疗牙痛的方法：①用棉签先把痛牙周围的口水揩干，再用消过毒的中号画笔蘸 25% 的蜂胶酊反复在患牙周围涂搽。然后张开嘴，快速吐气吸气，用产生的气流把蜂胶吹干；再次涂上蜂胶酊，再用气流吹干，这样马上在牙周上形成一层薄薄的蜂胶膜。蜂胶有止痛功能，涂后能很快止痛。②如果痛牙有蛀洞，用蜂胶粉填塞，效果会更好。③若牙龈已有脓肿，除用蜂胶酊涂搽外，再内服蜂胶丸，每次 6 粒（黄豆粒大小），一天 3 次，用上法处理后，短期内即可痊愈。

3. 如何用蜂胶防治皮肤瘙痒？

皮肤瘙痒在中老年人中相当普遍，尤其是冬季气候干燥时更容易发生。用蜂胶治疗皮肤瘙痒，效果好，方法简便，花钱少。治疗方法：蜂胶酊与水的比例为 4 : 6，混合均匀后，用药棉蘸蜂胶液反复涂抹患处，每天早晚各涂 1 次。对药物引起的风疹块，用中号画笔蘸蜂胶酊原液涂在风疹块上，即能止痒。对于内病引起的皮肤瘙痒，应积极治愈内病，内病好了，瘙痒也就不治而愈了。由药物引起的瘙痒，应请医生更换不会过敏的药物。

4. 如何用蜂胶治疗脚气？

脚气是由白癣菌引起的一种顽固性皮肤病，严重时脚趾奇痒、糜烂，给患者带来很大麻烦。应用表明，蜂胶对治疗脚气有效。一般较轻的脚气，在患部滴上几滴蜂胶液，或在平时洗脚时滴几滴蜂胶，搅匀，泡脚半小时，2 ~ 3 天即见效。

5. 如何用蜂胶治疗灰指甲？

灰指甲也是一种真菌感染性疾病，不仅严重影响指甲的功能和美观，而且难以治愈，并具有传染性。治疗灰指甲，蜂胶是很好的选择。首先，把手指甲放在水里泡软，用小刀把指甲轻轻地刮一刮。然后，将蜂胶液直接滴在灰指甲上,每天滴1次,直到全好为止。指甲的生长、抗病能力的提高,都与均衡的营养关系密切,在用蜂胶治疗时,每天大剂量服用新鲜的蜂花粉,对整个身体的代谢及指甲的生长康复,都会有很好的帮助。

6.如何用蜂胶治疗鼻炎?

鼻炎,是鼻腔黏膜和黏膜下组织由病毒、细菌、过敏原的感染而引起的炎性改变,是鼻腔免疫功能降低,使致病菌在鼻腔内聚集滋生所致。鼻炎有很多种,表现多种多样,从不同的角度,可分为急性鼻炎、慢性鼻炎、过敏性鼻炎、干燥性鼻炎、萎缩性鼻炎、干酪性鼻炎、药物性鼻炎等,患者不仅呼吸困难,还会出现头痛、头昏、记忆力下降、胸痛、胸闷、精神萎靡等,甚至会并发肺气肿、肺心痛、哮喘等严重并发症,长期不愈者还会导致癌症(鼻咽癌)。国内外的最新医学研究证实,全世界80%的鼻咽癌发生在中国,而约九成的鼻咽癌,是因鼻炎久治不愈恶化所致。患有鼻炎时,千万不要掉以轻心,应当及时进行治疗,以避免引发严重后果。很多鼻炎与过敏有关,很易复发,不好根治。在没有什么好的治疗方法时,下面几个方法,大家不妨试试,坚持下去,会有很好的效果。

1)把蜂胶含量高的蜂胶软胶囊扎破,直接将胶囊中的蜂胶液滴入鼻腔内,每天2～3次。

2)将优质成熟蜂蜜直接滴入鼻腔内,每天3～5次。

3)新鲜芝麻油与等量优质蜂蜜混合,滴入鼻腔内,每天3～5次。

4)蜜蜂老巢脾,口嚼10分,吐渣,每天嚼3～5次。

7. 如何用蜂胶治疗鼻出血?

鼻出血也是一种常见的疾病,有轻有重,轻者可以不治而愈,重者可能会引起出血性休克。鼻出血原因很多,有的是习惯不良挖鼻孔,致鼻黏膜损伤,引起炎症;有的是上火、劳累,间接导致的鼻出血;有的是鼻腔有肿瘤;有的是因血液病,如各种白血病、再生障碍性贫血等所致;有的是急性发热传染病引起,如伤寒、流感等;有的是高血压、动脉硬化等诱发鼻出血。另外,情绪波动、气压急变、高空飞行、登山及潜水等都可因一时性动脉压升高而导致鼻出血。感冒支气管肺炎剧烈咳嗽时因血管怒张也可导致鼻出血,妇女在经期由于雌激素的减少,也可发生代偿性出血。碰到鼻出血时别紧张,对于少量出血患者,用食指和拇指紧压两侧鼻翼5～10分,或用冷水敷前额,这是利用血管末梢遇冷收缩来达到止血的目的。也可以把双手的中指互相钩在一起,用劲拉,有的人几十秒即可止血。幼儿不会用双手中指互钩,大人可用自己两中指钩住幼儿的左右中指,同样可止血。如果在野外,地上有刺儿菜,将一把刺儿菜根用白布包好把水挤出来,喝下去,鼻血会立刻止住,而且不易再犯。平时,每晚睡前,向鼻孔内滴些新鲜的香油和蜂蜜,可有效预防鼻孔出血。每天早晚服花粉片5片(或花粉颗粒20克),同时服蜂胶软胶囊5粒(或蜂胶浓缩液40滴),坚持下去,从体内进行调理,修复血管,改善体质,一般服用2～3个月,就可从根本上扭转鼻子经常性出血的现象。

如果有的人出血不止,流血过多,应及时去医院治疗。如果是连续鼻涕中带血,也可能是恶性的肿瘤所致,一定要警惕,要及时到耳鼻喉专科门诊检查。

8. 如何用蜂胶防治疗疮？

把蜂胶捏成薄片，敷于疮面上，外用胶布固定。1天后疼痛会缓解，第3天换药时，红肿会消退，凸起的疮面会变平，到第5天基本痊愈。如某患者，每年夏天都要生"热疖"，去医院治疗，内服消炎药，外用药膏敷，花钱几百元，好得慢痛苦多。后来改用蜂胶治疗，3～4天就疼痛缓解，红肿消退，而且花钱很少，确实比西药效果好。

9. 如何用蜂胶治疗冻疮？

冻疮是由于寒冷引起的局限性炎症损害。据有关资料统计，我国每年有2亿人受到冻疮的困扰，其中主要是儿童、妇女及老年人。冻疮一旦发生，在寒冷的冬季里常较难快速治愈，要等天气较暖后才会逐渐愈合。发生冻疮时，可用"蜂胶冻疮膏""蜂胶膏""蜂胶护肤霜"等直接涂抹在冻疮处，每天1～3次，对于冻疮未溃烂者疗效很好。若局部皮肤破溃糜烂，可在蜂胶膏中加入适量的红霉素软膏及新鲜成熟蜂蜜，混合后再涂抹治疗，效果非常好。

10. 如何用蜂胶治疗扁桃体炎？

人的咽部两旁各有一扁桃体，有的人的扁桃体较明显，有的则较隐蔽。外来的病毒、细菌在通过口、鼻进入呼吸道和消化道以前，都要经过扁桃体，所以它很容易受感染而发炎。扁桃体发炎时会红肿，出现白色脓样分泌物，有的高烧几天不退，嗓子红肿疼痛，吃东西和咽口水时都会疼痛。

扁桃体发炎时可以直接含服蜂胶液，也可以直接将蜂胶液涂抹在发炎的部位，每天早晚各 1 次，一般 2 ~ 5 天就可痊愈。

11. 如何用蜂胶治疗中耳炎？

中耳炎也是常见疾病，大多数是由病菌感染造成的，其最常见症状有耳内闷胀感、堵塞感、听力下降、耳鸣，有的还会流水、流脓等。中耳炎看似小病，但有的人会因为没有良药医治，反复发作，最后导致耳膜穿孔，听力下降或丧失听力。生活中，不少用蜂胶的人发现，用蜂胶液治疗中耳炎效果特别好。用棉花蘸上蜂胶液，轻轻涂抹在耳腔内，或在耳朵里直接滴一滴蜂胶液，一般 1 ~ 3 次就可痊愈。

12. 如何用蜂胶治疗烫伤？

烫伤可分为Ⅰ度烫伤（红斑性，皮肤变红，并有火辣辣的刺痛感）、Ⅱ度烫伤（水疱性，患处产生水疱）、Ⅲ度烫伤（坏死性，皮肤剥落）。对局部较小面积轻度烫伤，可在家中施治，在清洁创面后，可直接外涂蜂蜜、蜂胶膏等，不仅止痛，而且能抑制起水疱，已起水疱也会自行消退，不易感染，小面积Ⅱ度烧伤几天即愈。对大面积烫伤，宜尽早送医院治疗。

13. 如何用蜂胶治疗扭伤碰伤？

不小心扭伤而疼痛肿胀时，立即对红肿部位涂抹蜂胶液，可起到止痛、活血化瘀、消肿的作用。碰破或碰伤产生青紫瘀血时，都可以直接在患处涂抹蜂胶液。涂抹越早，见效越快，效果越好。每天涂抹 2 ~ 3 次，2 ~ 7 天即可消肿。如果扭伤部位肿胀得厉害、疼痛难忍时，也可针刺肿胀部位，放出几滴血，然后再涂抹蜂胶液，这样见效速度会更快。

14. 如何用蜂胶治疗猫狗抓伤？

现今饲养小猫小狗的人越来越多，而且很多人还喜欢和这些可爱的小动物逗着玩，如果不小心，就有可能被猫狗抓伤，轻的出现红印，数日不愈，重的抓破皮肤，数月红肿，形成猫抓病或狂犬病。

如果小猫小狗接种过疫苗，抓痕很轻时，可以立即在被抓部位涂抹上蜂胶液，可起到杀灭病菌、防止红肿感染的作用。

15. 蜂胶有促进伤口愈合的作用吗？

对很难愈合的创伤，蜂胶有促进伤口愈合与黏附伤口的作用。蜂胶抗菌消炎作用强，局部止血止痛快，能促进上皮组织增生和肉芽生长，改善皮下组织血液循环，限制疤痕形成。同时蜂胶可以营养皮肤，保护皮肤不受酸碱等化学物质伤害。浴缸放水适量，滴入蜂胶露20滴，搅匀至水呈淡黄色时入浴，浸泡半小时，能有效地清除体毒，促进血液循环，并有杀菌、消炎、止痒等作用，对皮炎、湿疹及皮肤瘙痒等效果显著。

16. 蜂胶有哪些护肤美容作用？

真正的美来源于健康的机体，蜂胶的护肤美容作用主要通过周身的调理和局部养治两者相结合，使机体健康，从根本上使人美丽。

1）蜂胶中的黄酮类物质及萜烯类物质具有较强的抗氧化、抗衰老作用，能修护脸部细胞，增强其活性，令肌肤白嫩，有弹性，焕发青春风采。

2）蜂胶中的多酚类及多糖类物质是营养滋润肌肤的再生动力，具有增强细胞活力，清除油脂及表皮老化角质，增强肌肤防护能力，改善血液微循环，调节皮脂分泌及止痒、除臭等作用，同时结合维生素、微量元素的滋养，可使脸部洁净白润。

3）蜂胶中的多种活性物质及蛋白酶类，具有促进人体内的组织再生，防止水分散失，提高人体的免疫系统的作用，并可以提供皮肤细胞再生能量。

4）蜂胶中的有机酸，如阿魏酸是科学界公认的美容因子，能改善皮肤质量，使其细腻、有光泽，同时还有抗菌、抗炎、镇痛、抗氧化、清除自由基、抗凝血、抗血栓、调节内分泌等功能。

因此，通过外用蜂胶，可营养滋润皮肤、防冻、防裂、杀菌、消炎、止痒、止痛、止血、抗感染、促进组织再生等。而内服蜂胶又能全面调节器官功能，修复器官组织的病变损伤，消除炎症，促进组织再生，调节内分泌，改善血液循环状态，促进皮下组织血液循环，从而在全面改善体质的基础上，防治皮肤病变，分解色斑，减少皱纹，消除粉刺、青春痘、皮炎、湿疹，从体内创造美。由于皮肤组织恢复了生理平衡与生机活力，可使肌肤真正呈现自然美，变得有光泽，靓丽动人，容光焕发。皮肤与人体器官功能是有密切关系的，如长期食用蜂胶或以蜂胶为健康食品，在增强体质和整体活力的同时，更会使蜂胶多方面的生物活性产生综合效应，经由体质改善来防治皮肤病变和美容保健，这是蜂胶这一神奇物质的优势体现。

17. 如何用蜂胶治疗粉刺？

粉刺又叫痤疮、青春痘，是由多种因素综合作用的结果，内分泌旺盛、皮脂分泌过多、毛囊内微生物感染等是产生粉刺的主要原因。粉刺虽生长在皮肤表面，但其病因复杂，与脏腑功能失调息息相关，单用抗生素效果不佳。治疗粉刺，可以用蜂胶膏直接涂抹，几天之内粉刺就可以明显收敛。但是，要想从根本上治疗粉刺，在涂抹蜂胶膏的同时大剂量服用新鲜的蜂花粉及维生素 B_1、维生素 B_2、维生素 B_6，保护细胞，调节内分泌，使内分泌恢复正常，粉刺就可以从根本上得到控制。

四、蜂胶的购买和食用说明

1. 选购蜂胶要注意哪些事项？

蜂胶是一种极为稀少珍贵的天然资源，具有很高的保健价值，但是蜂胶的选择很难通过感官辨别真假、优劣，以下是几点选购蜂胶的注意事项。

1）选购蜂胶产品应选择有保健食品批准文号（即小蓝帽标识）的产品，拥有该标识的产品说明该企业通过了申报批准，该产品经过了卫生部门做的相关的功能性试验，证明该产品具有产品标注的相关功能，企业按照批准的相关条件合法生产出来了该产品。

2）价格明显比同类产品低出很多的产品不要购买，蜂胶产品成本很高，不可能出售那么低的价格。

3）关注药监局等有关执法部门抽检公布的情况，尽量选择可信度较高的企业的产品。真正的大企业是有品质保证的，不会出售低价劣质产品。

4）认准标志、识别批号。消费者应当学会识别保健品的标志及批号，每个保健食品内外包装上都有相关批号，而且保健食品批准文号的有效期是 5 年。

5）并不是任何保健品对任何人都产生有益的保健作用，保健品同样有选择性。消费者应当仔细阅读商品标签或包装上注明的主要原料、保健功能、适宜人群、使用方法等事项。

2. 巴西蜂胶与中国蜂胶有区别吗？

有人认为，中国蜂胶不如巴西蜂胶，之所以出现这种情况是因为20世纪90年代初，从巴西产的蜂胶中提取出了肉桂酸，认为它是抗菌活性物质。同时由于欧洲和日本等国家多将巴西蜂胶作为研究材料，对巴西蜂胶关注度比较高，这就形成了人们普遍认为巴西产的蜂胶品质优良的背景。巴西蜂胶应用较早，在质量上也有特点，比如它特有的香气较浓等，成分上与中国蜂胶有一定差异，但这是由于胶源植物不同所致。我国的胶源植物主要有杨树、柳树、松树、柏树、桦树、橡树等，而巴西蜂胶的胶源植物主要有酒神菊树、尤加利树（桉树）、迷迭香树等，不同树种的蜂胶在质量上存在一定差异是完全正常的。蜂胶化学成分的差异，并不能反映它们质量的优劣。比如，中国蜂胶黄酮类物质含量较高，而巴西蜂胶的萜烯类物质含量较高。而这两类物质在功效上有很多相似之处，此消彼长，总体效果并无明显差异。

3. 哪些人不宜使用蜂胶？

蜂胶是蜜蜂生产的天然珍贵产品，但并非每一种天然产品人人都可使用，不宜使用蜂胶的人群主要有以下几类：①对蜂胶产生过敏反应的人群应该慎用。处于严重过敏阶段的人，建议暂缓食用蜂胶；轻度过敏体质的人，开始时建议少量食用，然后随着身体的适应再逐渐增加用量，避免产生过敏。②未满 5 周岁的婴幼儿不宜使用。因为婴幼儿自身消化系统不太健全，对蜂胶复杂的成分也难以接受，所以，不提倡给婴幼儿食用蜂胶产品。如用蜂胶治疗婴儿皮肤病，因为婴幼儿的皮肤过于柔嫩，也只能使用非常稀薄的蜂胶液。否则，会对皮肤造成一定的伤害。对于 10 岁以下的儿童，使用蜂胶治疗疾病时，一般应减至成人用量的一半为好。③孕妇不宜，有专家担心蜂胶中某些生物活性成分，可能会引起宫缩，干扰胎儿正常发育。

4. 使用蜂胶产品多久才会显示出效果？

研究表明，蜂胶的不同产品、不同剂量以及人体的不同生理状态、不同病症等各种因素，对蜂胶的显效快慢都有重要影响。由于蜂胶的作用范围十分广泛，对其效果做一个概括性的评价似乎不太现实。总体表现为以下三类：

（1）立竿见影型　即使用蜂胶后很快能产生效果，如各种伤口、湿疹、带状疱疹、牙疼、口腔溃疡等。

（2）缓慢型　即坚持使用蜂胶一段时间（20 ~ 30 天）后才表现出明显的效果，如糖尿病、血脂高、肝炎、胃炎、肺炎、咽炎、肠炎、胃溃疡、息肉、免疫力低下等。

（3）无效型　就是在使用蜂胶产品 2 个月以上仍不出现效果者。这样的情况也很正常，一则蜂胶确实对某些疾病无作用；二则由于个体生理上的差异，蜂胶对同种病患的不同个体常常表现出不同的疗效。

5. 健康人食用蜂胶有什么好处？

健康与不健康是一个相对的概念，人从出生之后机体就在发生着显著的变化，是一个逐渐走向衰老和死亡的过程，人到中年后，真正意义上的健康就更少了。尽管有些人没有什么大病，但是，机体的免疫力实际上在逐步下降，体内的自由基在逐步增多，脂质过氧化物在逐步积累，体内毒素也在增加，细胞会逐步失去活力，血管逐步老化、硬化，进而导致人体衰老和一系列疾病。血管、内脏器官等也在随着年龄的增加而逐步老化。食用蜂胶会逐步强化机体免疫系统，排除体内毒素，清除自由基，软化血管，改善血液循环，预防多种疾病，推迟衰老进程，起到很好的保健作用，使机体更加的健康长寿。

6. 初次使用蜂胶制品应注意什么？

在使用蜂胶制品之前，必须了解它的基本功效，明确使用目的，是保健还是治病，治皮肤病还是体内疾病。确定购买产品时，还要认真阅读包装物上的内容。不论外用或内服蜂胶制品，会有极少数过敏体质的人因蜂胶致敏而引发过敏反应，因此，过敏体质的人初次使用蜂胶及其制品时建议先在手腕处涂抹，观察是否有过敏反应；使用时先从小剂量开始试用，不妨从说明书限定的最小剂量的 1/2 或 1/3 开始试用，当小剂量试用几次未出现异常情况时，可逐步加大到规定的剂量正常使用；在小剂量试用时身体出现异常反应者，应立即终止使用蜂胶制品。

7. 如何正确使用蜂胶制品？

一般而言，一种产品的用法、用量，都是经过多次科学试验得出的，过多食用蜂胶，会对肠胃产生刺激作用，有些人甚至会出现腹泻现象。蜂胶是高生理活性物质，可以长期食用，但不宜一次多用。食入少许，即可产生预期效果，完全没必要过量食用。

8. 蜂胶食用量多少为宜？

蜂胶食用量最好参照产品说明书进行。一般来说，每天每次食用蜂胶量以100 ~ 120毫克为宜，少用效果差，多则造成浪费。但也不能一概而论，蜂胶的用量实际上是由下列诸多因素决定的。

食用对象：即食用蜂胶者是成人还是儿童，是初次食用还是用了很久，是一般患者还是重病患者。

食用目的：消费者应用蜂胶想达到什么目的，保健还是治病。

产品种类：由于不同厂家生产的不同蜂胶制品的蜂胶含量不同，用途各异，每次的食用量也迥然不同。因此，具体食用量需要根据产品使用说明书进行。

9. 食用蜂胶产品的基本原则是什么？

无论出于什么目的食用蜂胶产品，必须遵守下列三个基本原则：

（1）坚持连续食用 蜂胶属于天然产品，不像西药显效快，具有其他天然中草药产品固有的特性，效果缓慢而持久。因此，食用蜂胶产品切不能三天打鱼两天晒网，必须连续食用1 ~ 1.5个月，再评估效果。因为蜂胶效用（尤其内服）的发挥实际上通过机体自身的调节、提高机体机能来完成，用它来改善健康是一个从量变到质变的过程。

（2）食用量足　即根据不同目的选择食用量，不要减量，也不宜加量。消费者应依据自身的情况，每次按照规定量食用，尤其在开始食用时更不能马虎。

（3）空腹用　食用蜂胶产品的时间没有严格规定，但如果考虑到消化和有效成分的吸收，还是以空腹为佳，最好在饭前 20 ~ 30 分食用，这样能够提高身体的吸收率。如果吃饭时或饭后食用，则唾液、胃液消耗殆尽，吸收率会打折扣，对有效成分的吸收利用率会降低许多。当然也可在晚上睡觉前食用。以保健为目的者每天 1 次，早餐前或其他时间空腹食用即可；如是以治疗为目的则应每天 3 ~ 4 次，并在三餐前或晚上睡觉前食用。

10. 怎样保存蜂胶产品？

蜂胶片、蜂胶软胶囊、蜂胶硬胶囊、蜂胶浓缩液等产品，一般应放在阴凉干燥处保存。蜂胶软胶囊、蜂胶液是常见的产品，由于其中的蜂胶油容易挥发掉，故应在密封条件下保存。同时，蜂胶产品还应放在避光处，不要让太阳光直接照晒，因为萜烯类物质在阳光照射下容易变色，降低其产品的效能。蜂胶具有很强的防腐、抗氧化性，在密封、阴凉处可以长期存放。一般保质期多为 3 年。但国家规定，食品、保健食品在产品包装上标明的时间最长不得超过 24 个月。

11. 蜂胶能与中药、西药一起使用吗？

蜂胶属于天然产品，它本身就是20多类200多种成分的大融合，正因为如此，蜂胶几乎可以同任何天然的或人为加工的食品、保健品一起使用。中药本身就是一种纯天然产物，蜂胶与其同时使用一般不会产生什么不良反应，甚至蜂胶还可以帮助中药发挥更好的治疗作用。因此，蜂胶与中药一起使用没有任何问题。

西药的特点是，组分单一集中，治病效果比中药强且快。更重要的是，西药是人工合成的产品，往往都有一些毒副作用。由于蜂胶有加强药效的作用，如果和西药一起使用，蜂胶就有可能加强西药药效（包括毒副作用）。因此，对于毒副作用较大的西药，最好还是与蜂胶分开使用为好，一般间隔半小时以上即可。对于糖尿病患者，如果把蜂胶与西药一起服用，约1/3的患者血糖下降很快。在这种情况下，需要糖尿病患者每天注意自己的血糖变化情况，适时减少西药的用量。

12. 为什么最好要连续食用蜂胶产品？

蜂胶属于纯天然食品，又是良好的中药，它带有全天然产物的各种特性，无论是保健还是治疗，都表现出缓慢的持久性和良好的效果。蜂胶作为饮食黄酮类物质不足的有益补充，参与机体代谢过程，可发挥保健功能，提高食用者健康水平。但是，总黄酮作为活性物质，并不能在体内长期保存。健康是一个连续的生命过程，有些人秋冬季蜂胶进补，春夏季担心上火而停止食用。实际上，春夏季气温高，人体代谢旺盛，消耗加大，更应该注意及时补充饮食中摄入不足的黄酮类物质。所以，最好连续食用蜂胶产品，一年四季均不要间断。

13. 为什么说蜂胶液可成为家庭常备外用药？

蜂胶液用途广，在诸多的外用药中，可代替家庭药箱中的多种常备外用药。几乎所有皮肤病都可使用蜂胶，适应证有手癣、足癣（俗称脚气）、香港脚、体癣、带状疱疹、疖肿、慢性皮肤感染、神经性皮炎、湿疹、皮肤结核、斑秃、皮肤瘙痒、轻度烧烫伤、褥疮、皮肤溃疡、手足皲裂、乳头裂等。用时取消毒棉签蘸蜂胶液涂于患处，每天 2～3 次。使用非常方便，治疗效果显著。蜂胶液外用还能清洁创面，改善局部血液循环，清除坏死组织，促进肉芽生长，加速伤口愈合。口腔病也可用蜂胶液，如牙痛、牙周炎、牙龈炎、口腔溃疡、鹅口疮、唇炎、疱疹性口炎、扁平苔癣、口腔白斑等。用蜂胶直接巾敷可治疗鸡眼和疣。

14. 如何用简易的方法鉴别蜂胶软胶囊？

第一，随机选取蜂胶软胶囊 1 粒，观察其外观，外观应整洁，不得有黏结、变形或破裂现象，无异臭。如不符合以上要求，则为不合格品。

第二，将蜂胶软胶囊用剪子剪破，嗅其内容物是否有蜂胶特有的芳香味。如果没有蜂胶特有的芳香味，则为淘汰品。

第三，根据蜂胶软胶囊的配方不同检测不同产品的质量优劣。目前蜂胶软胶囊配方主要有两大类，一类是水溶性的，另一类是油溶性的。具体方法可做如下试验：

取洁净的白纸 1 张，平铺于试验桌上，随机选取蜂胶软胶囊 1 粒，剪破胶囊，将内容物挤出，滴在白纸上。如果是水溶性蜂胶软胶囊，内容物是溶解均匀的棕褐色，稍有黏稠的液体；如果是油溶性蜂胶软胶囊，内容物则是蜂胶与油的混悬物，手捻有颗粒感；如果内容物颜色很浅，不黏稠或没有颗粒感，则为淘汰品；如果内容物为水溶性蜂胶并均匀分布，还可再进行下面的试验。

取洁净试管，装入一定量的清水，将内容物为水溶性的蜂胶软胶囊中的内容物挤入盛水的试管中，用玻璃棒搅匀，静置片刻，如果溶液呈均匀的乳白色或浅乳黄色，则是正常；如果溶液分层，挂壁，说明内容物配制技术不过关。如果比较不同厂家的同类蜂胶软胶囊中蜂胶含量的高低，则取同样规格的蜂胶软胶囊各1粒，分别将内容物挤入盛有等量清水的刻度试管中，用玻璃棒搅匀，分别稀释至相同体积，然后滴入等量的3%的三氯化铁乙醇溶液进行比色，溶液颜色深的，说明其蜂胶含量高。

15. 什么是蜂胶液？是酒溶的好还是水溶的好？

蜂胶液一般是用食用酒精溶解蜂胶制成，因为蜂胶的功效成分绝大部分都易溶于酒精，难溶于水，所以酒溶蜂胶液加到水中后，会有一些棕褐色或黄色漂浮物，这是正常现象，这些漂浮物也是蜂胶的功效成分，可以食用。蜂胶液（酊剂）是蜂胶制品的剂型之一，不仅可以内服，也可以直接外用，使用时取十几滴即可。目前市售蜂胶液分为水溶和酒溶两种。

一般来说，由于蜂胶脂溶性物质含量多，所以用酒精溶的蜂胶，溶解得比较完全。酒溶蜂胶在水中易漂浮和黏壁，服用时有些不便，但外用效果要比水溶蜂胶液好。对于对酒精有过敏反应的人群来说，水溶性蜂胶无刺激，口感较好，便于服用。

16. 蜂胶溶于水吗？

原料蜂胶即毛胶中大部分物质（95% 以上）是不溶于水的，只有其中一小部分物质（不到 5%）溶于水。但市场上销售的蜂胶制剂，有些加入了乳化剂、助溶剂等，该类蜂胶产品是溶于水的；有些并未加入助溶物质，此类蜂胶产品是不溶于水的，所以不能单纯地仅以是否溶于水来判断蜂胶的真假和优劣。

17. 长期食用蜂胶是否会产生一些副作用或不良反应？

蜂胶是一种"药食同源"的保健品。作为药物，它有很好的疗效，而且无毒副作用；作为保健品，在增强体质、预防疾病等方面更有出色的表现。对于一些慢性病患者，需要长期食用蜂胶产品，于是有些人就担心，长期食用蜂胶会不会带来一些副作用，或某些疾病会不会对它产生抗性，其实这种担心是没必要的。第一，从蜂胶存在了上亿年的历史看，既没有对蜜蜂产生副作用，自然界的各种病原微生物也未对其产生抗性。第二，在注重营养保健的日本等发达国家，不管有病没病，人们都经常在牛奶、咖啡中加蜂胶，作为净化血液、祛病强身之用。据介绍，日本人食用蜂胶的时间已有 30 余年，今天，食用蜂胶的队伍更加壮大。第三，在国内外发表的上千篇蜂胶论文中，从来没有看到长期食用蜂胶产品造成不良影响的。

18. 有些蜂胶产品中含的聚乙二醇是什么物质？

聚乙二醇（PEG）系列产品无刺激性，具有良好的水溶性以及优良的润滑性、保湿性、分散性，且稳定、不易变质，作为辅料广泛应用于制药、生物工程、食品和化妆品等行业，可用于溶剂、软膏、滴丸基质、片剂、薄膜衣、滴眼剂、注射剂等。在医学上聚乙二醇可作为润肠剂。制备蜂胶软胶囊通常可使用聚乙二醇 400 作为溶剂。合理使用符合药典质量要求的聚乙二醇 400 对人体无毒害作用。

19. 蜂胶内服和外用的使用方法有哪些？

（1）使用蜂胶治疗牙周病　请直接点在有牙周病的患齿牙龈上，严重时可以每 2 ~ 4 小时点 1 次。

（2）服用蜂胶治疗头皮屑　洗完头发后，取少量的水置于手掌中，加 2 滴的蜂胶（蜂胶可以马上和水混合），再以指尖蘸混合液涂抹发根处的头皮，再轻轻按摩头皮即可。如果严重的话可以天天洗完头发后做 1 次，平常的保养可以每周 1 ~ 2 次。蜂胶可延长现有毛发的生命周期，并促进毛发的再生。同时还能提供毛发生长所需的营养元素，使头发更健康。

（3）食用蜂胶阶段鼻子不通　以棉花棒蘸蜂胶，涂抹在鼻子里。

（4）日常保健提高免疫力　早晚各 1 次，每次 2 粒蜂胶软胶囊。

（5）功能养护　早晚各 1 次，每次 4 粒蜂胶软胶囊（糖尿病患者、"三高"人群、肝脏养护者要同时注意加强合理的运动和适当控制饮食）。

（6）美容、抗氧化　每天 2 次，每次 2 粒蜂胶软胶囊（爱美的女士配合饮食调理和塑身运动）。

（7）咽喉炎症和不适　将蜂胶软胶囊咬破，使蜂胶接触到咽喉等患处，视患处症状的轻重不同，会有不同程度的辛辣和刺激感，一般 3 ~ 6

天就有明显的好转和舒适感。对于吸烟喝酒人群、办公室人群、话务人员、教师等需要说话较多者，每天 2 ~ 4 粒。

（8）蜂胶酊浴足治疗脚气病　先把双足平放盆底，然后将蜂胶酊倒在足背上，让蜂胶酊从上往下流到盆底，这样整个双足均沾满蜂胶液（也可配制加倍的蜂胶酊，直接浴足），浸泡 3 ~ 5 分后，抬起双足晾干（不要用毛巾擦干）即可。每天或隔天 1 次，连续 7 次。用过的蜂胶液随时倒入广口瓶密封保存以备下次使用。

（9）治疗粉刺　用 1 咖啡匙麦芽油和等量凡士林油，加少许蜂胶搅拌均匀成糯糊状，敷在患处，并轻轻按摩，早晚各 1 次，一个疗程为 1 周。

（10）治疗真菌病　用 10% ~ 30% 的蜂胶治疗真菌所致的皮肤病效果很好，对黄癣菌、絮状癣菌、铁锈色小孢子菌、石膏样小孢子菌、羊状小孢子菌、大脑状癣菌、石膏样癣菌、断发癣菌、紫色癣菌都有较强的抑菌作用。一般连续用药 10 ~ 15 天症状消失。

（11）治疗鸡眼、胼胝、跖疣和寻常疣　用新鲜的无杂质的优质蜂胶，捏成比患病部位范围稍大的小饼状，紧贴患处，用胶布固定，5 ~ 7 天换 1 次药。贴药后应避免浸水，重复治疗 2 ~ 3 次，可望痊愈。

（12）治疗皮肤病　用蜂胶乙醇浸膏制成 50% 的奶油软膏治疗疣型和浸润型瘤样皮肤结核，一般持续治疗 1 ~ 2 个月，直至疣状增生完全破坏，脓性分泌物消失和浸润消散。蜂胶疗法从破坏结核病灶的无痛性，溃疡愈合的速度和形成疤痕的美容性来讲，均优于其他的治疗方法。

专题五

蜂 毒

　　蜂毒是蜜蜂受到攻击时蜇刺过程中排出的有毒液体。蜂毒主要以肽类为主，其中主要成分有蜂毒明肽、透明质酸酶、磷脂酶 A2、生物胺、蜂毒肽等。这些物质具有很强的生物活性，可以调节细胞信号转导、诱导细胞凋亡，具有抗风湿、神经阻滞、抗菌、抗病毒、抗炎等作用。早在我国古代就用蜂毒来治疗风湿性关节炎、类风湿性关节炎。近年来发现蜂毒在抗肿瘤及艾滋病病毒方面有作用。此外，蜂毒也是近年来化妆品市场上的新宠，在美容抗皱方面效果显著。

一、蜂毒概述

1. 什么是蜂毒？

　　蜂毒是工蜂毒腺及副毒腺分泌的储存于毒囊中的一种有芳香气味的透明液体。工蜂自卫时，蜂毒即从尾部的螫针排出（图5-1、图5-2）。

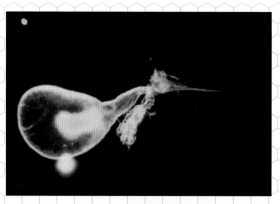

图5-1　蜜蜂的毒囊及螫针

图5-2　蜜蜂蜇刺皮肤

2. 蜂毒的理化性质有哪些?

有蜂蜜类似的气味和特有的芳香性，微苦，辛辣，酸涩。易溶于水和酸性溶液，不溶于乙醇，pH 4.5 ~ 5.5，显酸性。因此，被蜂蜇后立即用大量的清水或者碱性肥皂水清洗，能够减轻毒液在体内的残留。

3. 蜂毒的主要成分有哪些?

蜂毒是一种复杂的混合物，主要活性成分为 10 多种多肽类、50 多种酶类和生物胺，以及少量的氨基丁酸、α-氨基酸、葡萄糖、果糖、挥发性物质、磷、钙等物质。目前鉴定到的主要成分有蜂毒肽、蜂毒明肽、磷脂酶 A2、透明质酸酶等。目前市售的蜂毒为蜂毒干粉，和新鲜蜂毒相比，蜂毒干粉中的挥发性物质都已经挥发了，但是其他成分和新鲜蜂毒没有太大差别。

4. 什么是蜂毒肽?

蜂毒肽是蜂毒的一种重要组成成分，占干蜂毒的 50%。蜂毒中的 MCD- 肽，又称肥大细胞脱颗粒肽，具有消炎作用，目前已能人工合成。蜂毒肽是能够保护心血管且毒性较低的多肽，具有抗心律失常的作用。蜂毒肽一般是由两个或多个氨基酸组成（图 5-3）。目前发现蜂毒中还含有一些独特的小分子物质，例如氨基酸、儿茶酚酸、糖类、矿物质等，蜂毒中的糖类可能来源于蜂蜜和花粉的污染。

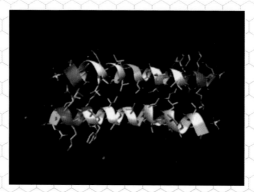

图 5-3　蜂毒肽的三维立体结构

5. 蜂毒中有哪些酶类物质？作用如何？

蜂毒中的酶类主要有磷脂酶 A2，占蜂毒干物质的 10% ~ 12%，具有很强的溶血作用和其他生物活性作用。磷脂酶 B，占蜂毒干物质的 1%，水解破坏蛋白结构，具有解毒作用。透明质酸酶，占蜂毒干物质的 1% ~ 2%，能够水解生物膜上的蛋白，帮助蜂毒的其他物质进入组织，有溶血的作用。还含有少量碱性磷脂酶、α – 葡糖苷酶等。

6. 蜂毒中有哪些胺类物质？作用如何？

蜂毒中的生物胺类物质主要有组织胺、儿茶酚胺、腐胺、精胺和精脒。组织胺能够引起平滑肌和横纹肌的紧张收缩，使皮肤灼痛。人被蜜蜂蜇后的疼痛灼痒主要由组织胺引起。儿茶酚胺主要包括多巴胺、5- 羟色胺、去甲肾上腺素，均有疼痛调节和抗炎的作用。

7. 蜂毒明肽的作用是什么？

蜂毒明肽是一种多肽，约占蜂毒含量的 2%。蜂毒明肽有强化兴奋中枢的作用，使动物运动活性升高。蜂毒明肽对中枢神经系统作用的主要部位是脊髓。与蜂毒肽相比，蜂毒明肽对大脑皮层的作用小于蜂毒肽，能使脊髓多突触反应增强，使多突触兴奋性后电值增大。专家认为，蜂毒明肽有可能作用于脊髓的中间神经元、网状脊髓束和前庭脊髓束，或者是大脑的导水管周围的中央灰质。

8. 磷脂酶 A2 对神经系统有什么影响？

磷脂酶 A2 具有许多药理作用，能迅速水解磷脂酰，有很强的溶血活性。磷脂酶的含量占蜂毒干重的 10% ~ 12%。磷脂酶 A2 是一种具有突触前效应的神经毒素，它能有选择地改变脊椎动物神经末梢乙酰胆碱的释放过程。周绍慈等试验证实，蜂毒对于外周及中枢神经系统电活性有明显影响，认为磷脂酶 A2 的神经毒活性可能具有破坏血脑屏障的作用，但应避免其作用于神经干。

二、蜂毒的生理活性及保健功能

1. 蜂毒的生理活性有哪些？

（1）蜂毒抗炎和抗风湿性关节炎的作用　蜂毒具有与糖皮质激素和阿司匹林类似的作用，能够阻止促炎性细胞因子的形成，起到镇痛修复细胞基质的作用。

（2）抗癌作用　细胞和动物模型试验研究表明，蜂毒对卵巢癌、肝癌、前列腺癌、黑色素瘤癌等都具有很好的抗性。

（3）对中枢神经系统和外周神经的作用　激活外周化学受体，影响外周刺激向中枢神经的传导。具有阿司匹林类似作用，对乙酰胆碱具有拮抗作用，阻止神经冲动向突触的传导，从而起到镇痛的作用。增强大脑血液循环，阻止因朊病毒等感染引起的神经细胞的死亡。

（4）对心脑血管系统的作用　增强冠状动脉和周围血液的流动，改善微循环。低剂量下可以使心脏搏动减缓，高剂量增强心脏搏动。

（5）对免疫系统的作用　蜂毒对免疫系统具有双向调节的作用，当高浓度时能够抑制免疫系统功能，低浓度时激活免疫系统。

（6）抗辐射作用　能够促进辐射损伤后白细胞和红细胞的再生。

（7）抗菌、抗病毒作用　蜂毒对多种病菌均有抗性，而且对螺旋体、疱疹病毒、白色念珠菌、艾滋病毒均有抗性。

（8）对内分泌系统的作用　促进甲状腺、下丘脑、脑下垂体激素的分泌。

（9）对新陈代谢的影响　促进氨基酸和蛋白质的代谢。

（10）毒性　蜂毒能够引起过敏反应，引起呼吸困难，造成组织水肿、疼痛，对细胞和神经系统有一定的毒性。

2. 蜂毒的镇痛作用如何？

神经系统疾病的疼痛原因之一是神经痛，一般镇痛药物效果不佳，应用蜂毒治疗，镇痛效果比较好，这是因为蜂毒是一种神经毒剂，蜂毒注入人体后，直接作用于神经疼痛部位。蜂毒肽、蜂毒明肽等，具有显著的亲神经性，所以蜂毒有显著的止痛效果。从生物进化观点来分析，蜜蜂螫针注入蜂毒的神经毒性可使其他节肢动物及其幼虫麻痹，因此对人体的疼痛，特别是神经痛会因麻痹而产生镇痛作用。蜂毒的亲神经性，在大脑网状组织上具有阻滞作用和溶胆碱活性，并能改变皮层的生物电活性，具有明显的神经节阻断活性，这与蜂毒的镇痛作用有关。

蜂毒中含有的蜂毒肽和蜂毒明肽能使下丘脑的去甲肾上腺素、多巴胺和 5- 羟色胺的含量增高。中枢神经系统的 5- 羟色胺有提高痛阈即降低痛敏感的作用。

3. 蜂毒对免疫的双向调节作用是什么？

蜂毒中的蜂毒肽、蜂毒明肽和 MCD- 肽，能刺激垂体 - 肾上腺系统，促进皮质激素的分泌，具有免疫抑制功能。蜂毒能促进超氧化物歧化酶催化超氧自由基（O_2^-）的歧化反应；超氧自由基在体内与神经炎症、衰老及致癌有关。蜂毒对机体免疫功能的影响，表明蜂毒对机体有保护作用，其原因是蜂毒能有力地抑制由炎症细胞引起的超氧自由基的产生，从而防止细胞的突变。蜂毒对小鼠血清 TNF-α 有升高作用，TNF-α 主要是单核 - 巨噬细胞、T 淋巴细胞等产生的细胞因子，具有广泛的生物活性。适量的 TNF-α 可参与免疫细胞的激活，增加中性粒细胞的趋化和吞噬作用，刺激单核 - 巨噬细胞分泌白细胞，从而间接参与 T 淋巴细胞、B 淋巴细胞的激活等。TNF-α 在体外尚能杀伤某些肿瘤细胞，具有抗肿瘤作用，说明蜂毒对 B 淋巴细胞的增殖有促进作用。

4. 蜂毒的抗辐射作用如何？

蜂毒能防止辐射损伤机体，对机体具有辐射防护效应，特别是预防神经系统受到射线伤害或持续性射线伤害。蜂毒中抗辐射成分为蜂毒肽，其次为磷脂酶 A2。蜂毒不仅有预防辐射损伤的作用，还有治疗辐射损伤的作用，但治疗效果远赶不上预防效果。因为蜂毒是大分子结构的蛋白质，吸收和扩散到组织较慢，所以作为抗辐射预防药则显示较明显的效果。在给药途径方面，皮内或皮下注射效果优于腹腔注射。目前从蜂毒中分离出的甘氨酰组胺在体内通过水解作用可以释放组织胺，易于螯合铜离子，可能与辐射防护药作用相似。

5. 蜂毒与神经递质有什么关系？

蜂毒中含有丰富的神经递质，具有调节机体神经系统的功能，是防治神经系统疾病的因素之一。蜂毒不仅能够向机体提供神经递质，而且能促进机体分泌神经递质，以防体内神经递质的缺乏。

神经递质由突触前神经元合成并在末梢处释放，经突触间隙扩散，特异性作用于突触后神经元或效应器细胞上的受体，从而使信息从突触前传递到突触后的一些化学物质。神经递质是化学传递的物质基础。一个神经元的轴突末梢与其他神经元的细胞体或突起相接触，形成的特殊结构称突触，神经元之间的兴奋传递就是依靠突触传递来完成的。突触部位易受内外环境的影响，也是反射弧中最易疲劳的环节。神经递质的耗竭亦是突触传递发生疲劳的原因之一。蜂毒组成成分中的神经递质胺类有组织胺、多巴胺、5-羟色胺等。蜂毒含有多种氨基酸和19种游离氨基酸，其中谷氨酸、甘氨酸等为神经递质。蜂毒中的胆碱是神经递质乙酰胆碱的组成成分。蜂毒中含有的 MCD-肽含量约占蜂毒总量的 2%，能使机体肥大颗粒细胞释放神经递质组织胺和 5– 羟色胺。蜂毒含有的儿茶酚胺是神经递质多巴胺和去甲肾上腺素的前身。蜂毒肽和蜂毒明肽能使动物的下丘脑中的去甲肾上腺素、多巴胺和 5– 羟色胺的含量增加。

6. 蜂毒在临床上有哪些应用？

自古以来，蜂毒就被认为是关节炎和类风湿症的天然治疗剂。经过几百年的努力，蜂毒已在临床中被广泛应用。自 18 世纪以来，关于蜂毒治疗风湿症的报告屡见不鲜，至今尚未见一例否定蜂毒对风湿症疗效的报告。这些疗效惊人的报告引起了临床学家的极大兴趣，因而接受蜂毒疗法的患者越来越多。蜂毒主要用作临床治疗疾病用药，而非食物保健品。蜂毒具有降低肾上腺素维生素与胆甾醇含量的作用，对中枢神经有延长催眠药效果的作用，可防止因士的宁、烟碱引起的腺惊厥，有解胆碱作用，能防止乙酰胆碱和卡巴胆碱刺激迷走神经引起的降压；对消化系统有不增加消化液量，减少食物引起的胃液分泌，活动减弱的作用，同时还具有镇痛、抗菌和提高机体防御能力，促进患病机体恢复的作用。医学上常将蜂毒用于治疗风湿性关节炎、荨麻疹、支气管哮喘等疾病。

7. 历史上对蜂毒疗法有哪些记载？

国人对蜂毒的认识是从其蜇人开始，公元前 2 世纪成书的《黄帝内经》中即有"其病生于内，其治宜毒药"的治疗原则，民间称为"以毒攻毒"。《诗经·周颂·小毖》（约公元前 11 至公元前 6 世纪）中记有"莫予荓蜂，自求辛螫"。东周时期（公元前 770 至公元前 221 年）本着以毒攻毒思想，利用蜂蛰刺疗疾病，以蜂毒对抗和解除其他毒害，如解去毒蜘蛛之毒害。后来又有利用带有蜂毒的成蜂，做蜂毒治病的民间流传。方以智（1611—1671年）在《物理小识》第5卷中介绍利用蜂毒制作"药蜂针"的方法，取黄蜂之尾针，合硫炼，加水麝为药，置疮疡之头，以火点而灸之。后被赵学敏（公元1765年）收录于《本草纲目拾遗》之中（第10卷），列入传统医学之列。20世纪60年代以来，运用生物化学分析技术结合药理研究，已逐步揭示出蜂针液的作用与活性成分。蜂针液是肽的宝库，已分离出的活性肽超过10种，其中蜂肽占蜂针液干重的50%以上。磷脂酶、透明质酸酶等酶类以及组胺、儿茶酚胺等生物胺类都是蜂针液的活性成分。业已证明，蜂针液及其组分具有对烟碱型胆碱受体的阻滞作用，还有镇痛、降压、抗心律失常、抗凝血和促进纤维蛋白溶解，以及刺激垂体肾上系统、抗炎、抑菌和辐射保护等作用。

8. 蜂毒可以治疗类风湿性关节炎吗？

类风湿性关节炎是一种慢性、炎性、系统性的自身免疫性疾病，病变主要侵犯滑膜关节，表现为滑膜增生、关节破坏以及多脏器损害。类风湿性关节炎在我国的发病率约为0.4%，且仍呈上升趋势，是严重影响人体健康的疾病之一。但迄今未有治疗类风湿性关节炎的特效药，常规的用药都只能是缓解症状，不能根除疾病。蜂毒被用来治疗类风湿性关节炎由来已久。目前认为蜂毒治疗类风湿性关节炎的主要作用机制为：

（1）消炎镇痛作用　蜂毒中所含的蜂毒肽对烟碱型胆碱受体有选择性阻滞作用，可透过血脑屏障直接作用于中枢神经系统，其镇痛作用、镇痛指数、镇痛时间优于波尼松等镇痛药。蜂毒中的透明质酸酶参与蜂毒对组织的局部作用，使蜂毒成分在局部渗透和扩张，达到协同镇痛作用。蜂毒肽还能抑制白细胞的移行，从而也就抑制了关节炎局部的炎症反应。

（2）改善微循环　蜂毒可以抑制血小板凝集，抑制凝血致活酶的产生或使致活酶失活，血纤维蛋白溶解活性增高，从而破坏正常的凝血过程，使血液黏度降低，改善微循环，在类风湿性关节炎治疗过程中起重要作用。

（3）免疫调节作用　在类风湿性关节炎患者的滑膜组织和滑膜液中，会出现异常增多的免疫细胞（如 T 淋巴细胞、B 淋巴细胞）和免疫分子。蜂毒有较强的调节免疫作用，提高各类免疫球蛋白，激活免疫控制系统。

（4）促进肾上腺皮质激素分泌　蜂毒中所含的蜂毒明肽能刺激垂体 – 肾上腺轴，增加肾上腺皮质重量，使促肾上腺皮质激素和皮质激素增加。这些激素具有很好的抗炎作用，从而起到抗风湿作用。

9. 蜂毒疗法有哪几种？需要注意哪些问题？

由于蜂毒中的有效成分肽类物质易被肠道消化酶破坏而降低其医疗效能，因此蜂毒疗法不能采用口服给药的办法。目前多采用以下几种方法进行蜂毒疗法。

（1）蜂蜇疗法　蜂蜇疗法是最原始、最古老的治疗方法，至今仍为有效的、普遍采用的方法。先将受蜇部位消毒，然后用镊子夹住蜜蜂放在选定的位置上，使蜜蜂将螫针刺入皮肤，待 4 ~ 5 秒毒液排空后，取出螫针（图 5-4）。

图 5-4　蜂蜇疗法

（2）蜂针疗法　蜂针疗法是蜂蜇疗法与我国的传统针灸相结合，以蜜蜂的螫针代替针灸的钢针。由于蜂针疗法比原始的蜂蜇疗法更精细，效果更好，因此蜂针疗法很快传入了日本、朝鲜、马来西亚等国家。

（3）蜂毒电离子导入法　蜂蜇疗法和蜂针疗法虽然效果都很显著，但由于患者怕痛，加上活的蜜蜂不易保存，因此有人发明了蜂毒电离子导入法。具体方法是先将蜂毒干粉与生理盐水配成一定比例的溶液，然后将溶液均匀地浸湿衬垫，并接通两极的电源，利用直流电通过无损伤皮肤将蜂毒离子带入人体内。治疗后皮肤略有充血、微肿和轻度的痒感。

（4）蜂毒注射法　将蜂毒制成各种制剂，然后皮下注射，治疗疾病。此法简单易行，不受地区、季节、活蜂的限制。

10. 蜂毒疗法的注意事项有哪些？

蜂毒疗法需要注意的问题是：①无论采取哪种蜂毒疗法，都必须由医生操作进行。②在采用蜂毒疗法时，应先进行过敏试验。③在临床中，患有肝炎、肾炎、性病、糖尿病、胆囊炎、尿崩症、有出血倾向的疾病等禁止使用蜂毒。对老年人、儿童要慎用。

11. 蜂毒疗法安全吗？

蜂针液是蜜蜂对付其他生活机体的自卫性毒物，人体一次接受200～300只蜜蜂蜇刺才能出现以神经和溶血为主的毒性症状，700～1000只蜜蜂同时蜇刺可致人死亡，一般死于呼吸中枢麻痹。以治疗为目的，采用几只、十几只蜜蜂蜇刺或相当剂量的蜂毒药剂无毒性反应，对风湿病、类风湿性关节炎、坐骨神经痛、三叉神经痛、面神经麻痹、脑血管病变后遗偏瘫失语、高血压、血栓闭塞性脉管炎、支气管哮喘、变应性鼻炎、子宫附件炎、虹膜睫状体炎、结节性红斑和银屑病等有医疗功效。养蜂人常易遭蜂蜇，其中绝大多数人或迟或早对蜂毒产生免疫力，他们同时遭受数百只蜜蜂蜇刺而没有任何中毒症状。但确也有人对蜂毒过敏，一只蜜蜂蜇刺即现强烈局部反应和全身反应，甚至过敏性休克。纯净蜂毒药剂可用于诊断性皮试和脱敏治疗。

12. 蜂毒疗法防治神经系统疾病的机理是什么？

（1）蜂毒的亲神经特性　蜂毒液的亲神经特性，是蜂毒治疗神经系统疾病的先决条件。蜂毒是一种神经毒，全蜂毒及其组分蜂毒肽、蜂毒明肽和托肽平等具有亲神经特性，其中包括蜂毒的中枢性抗胆碱能活性和神经节阻滞作用。因此，蜂毒治疗神经系统疾病有独特的效果。

（2）对烟碱型胆碱受体的阻断作用　全蜂毒和蜂毒肽对烟碱型胆碱

受体有选择性阻滞作用，是蜂毒组分对脑高级神经部分影响的原因。由此作用，能使试验动物大白鼠烟碱性痉挛发生率降低和缩短痉挛持续时间。这是蜂毒阻滞网状结构胆碱反应系统，使原发性病理兴奋灶在该区不能形成和阻止使其过分激活的传入刺激的结果。据报道，蜂毒能降低鼠和家兔烟碱性痉挛发生率以及使痉挛强度明显减弱。蜂毒组分的抗痉挛作用与其阻滞中枢性烟碱敏感系统能力有关。

13. 蜂毒对损伤组织的修复和再生作用如何？

神经细胞属于永久性细胞，不论是中枢神经还是周围性神经细胞在遭受破坏后，由于保存的神经细胞不能分裂增生，而成为永久性的缺失，但神经细胞的轴突在神经细胞未受损的情况下，其生长延长能力即再生能力是很强的，每天可以以 3～4 毫米的速度进行生长。如腰椎间盘突出症患者，虽然腰部坐骨神经受压损伤，但神经细胞并未受到破坏。由于蜂毒的亲神经性和增加神经细胞活性的作用，所以能够在较快时间内，使受压损伤的坐骨神经恢复功能，解决患者的疼痛。蜂毒对机体组织的损伤细胞和组织修复、再生过程有促进作用。修复过程是通过损伤局部周围的未受伤组织细胞分裂增生来完成的。在组织损伤和修复治愈的过程中常有炎症反应。炎症渗出物可以清除损伤因子，处理坏死组织、细胞碎片，促进和延缓修复过程。组织和细胞丧失后形成的组织缺失，由损伤周围的同种细胞来加以修复的过程称为再生。

14. 为什么说蜂毒是去皱美容的新宠？

蜂毒目前被认为是一种新型的、能够代替肉碱毒素的美容产品。1986年，加拿大一位眼科教授发现肉碱毒素能让患者眼部皱纹消失，从而引发了美容史上所谓的"肉碱毒素革命"。肉碱毒素是目前公认的去皱最好的美容产品。在我国多家整形和美容医院被广泛用于除皱和瘦脸。肉碱毒素主要是通过阻断神经和肌肉之间的"信息传导"，麻痹肌肤，使过度收缩的肌肉放松舒展，皱纹便随之消失。因其具有神经毒性，注射过多可能导致面瘫等问题。蜂毒美容一直是英国皇室的美容秘方，公爵夫人卡米拉曾在2005年用蜂毒来除去脸上的皱纹，到2010年脸部皱纹基本被淡化，容光焕发、面色红润（图5-5）。从此，蜂毒美容成为英国皇室的新宠。年轻美丽的凯特王妃、维多利亚·贝克汉姆、格温妮斯·帕特洛等都是蜂毒的受益者。

图5-5　蜂毒美容

蜂毒美容法的原理

将"蜂毒"这种东西添加到护肤品当中，这样的护肤品能够促进面部血液循环，让皮肤更年轻更饱满。蜂毒可以促生胶原蛋白、增加皮肤的弹性以及抗紫外线伤害的能力。蜂毒还可以增加角质细胞的数量，这种细胞位于皮肤表层，可以防止细菌、水分流失和阳光辐射等因素对皮肤带来损伤。蜜蜂毒液精华素被证明可以增加角质细胞数量，皮肤弹性自然增加。蜂毒中的蜂毒肽进入皮肤后造成皮肤被轻微刺痛的幻觉，从而促进皮肤的血液循环，促进胶原蛋白和弹性蛋白的合成。胶原蛋白能够增加皮肤的弹性。弹性蛋白能够填充到已经形成的皱纹中，起到抚平皱纹的作用，使皮肤皱纹淡化，变得更紧致、细腻。

15. 蜂毒为何有抗癌功效？

蜂毒、蛇毒或蝎毒听起来更像是一个健康噩梦，而不是一种疗法，但一项新的研究表明，它们实际上可以用于制造抗癌药物。注射单纯的毒液，可能会给人们带来灾难性的健康后果，但是研究人员说，他们已经找到一种方法来避免这些问题。他们把毒液中"有用"的蛋白质和多肽提炼出来，使它们专门针对恶性肿瘤细胞，而避开健康的细胞。蛇、蜜蜂和蝎子的毒液中含有可依附到癌细胞膜的蛋白质和多肽，这可能会阻止癌症的生长和扩散。然而，科学家们一直无法利用这些有前途的抗癌特性，将它们制成一种药物，因为毒液注射可能会导致严重的副作用，如造成心脏肌肉和神经细胞损伤，血凝或皮下出血等。

16. 蜂毒的给药方法有哪些?

　　最常见的给药方法就是活蜂蜇刺法，用活蜂直接蜇刺于患者的穴位或患处。该法集蜂毒、针刺、温针于一身。1只蜜蜂蜇入皮肤释放 0.1 ~ 0.3 毫克的蜂毒。此外还可根据患者的不同体质和疾病情况，选择循经散刺、穴位点刺、经络全息区刺法和配合毫针刺法等。目前提倡用蜂毒提取液或蜂毒制剂进行治疗，给药方法有吸入、注射、离子导入、外搽和口服等。

17. 蜂毒制剂有哪些?

　　19 世纪末 20 世纪初，国内外就有了蜂毒制剂生产，使用较普遍的是蜂毒注射液。蜂毒注射液由于有质量监控，所以成分、含量等恒定，因而蜂毒疗效也较稳定。对单一组分的提取，将使某些治疗作用得以加强而疗效提高，如蜂毒溶血肽治疗脑血栓形成、血栓闭塞性脉管炎，阿度拉平肽用以镇痛等疗效都比全蜂毒疗效强。蜂毒注射液选择性地丢弃了一些不决定疗效而又引起过敏反应的酶类、肽类等物质，这是活蜂蜇刺难以实现的。这是蜂毒注射液不易引起过敏反应的原因。蜂毒制剂除蜂毒注射液，国内外尚有蜂毒软膏制剂、蜂毒片剂、蜂毒胶囊和蜂毒搽剂等。

18. 蜜蜂蜇人后会死吗?

　　蜜蜂中的工蜂是由蜂王所产受精卵孵化而成的，小幼虫最初由工蜂给以蜂王浆吃，以后则以花蜜、花粉及水的混合物为食，所以发育到成虫，就成为没有生殖能力的雌蜂——工蜂。工蜂没有卵巢而有毒液囊，产卵管已特化为螯针，并与毒液腺相通，螯针平时藏于腹末端体内，当遇到敌害时，便可伸出注射毒液于敌害体内。当蜜蜂完成螫刺飞离时，螯针连同毒囊一起与蜂体分离，留在被害者的皮肤里，而蜜蜂也因经不起这样的肢体损害而死亡。

19. 蜂群中哪些蜂可以蜇人？

蜂群中刚出房的 1 日龄小蜜蜂螯针较软，无法刺伤皮肤，是不会蜇人的；2 日龄和 3 日龄小幼蜂便具备了蜇人的本领，不过这时蜜蜂体内毒液很少，蜇人之后并不是很疼。工蜂出房后 2 ~ 3 周毒腺内毒液最多，之后逐渐减少。蜂群中除了工蜂具有螯针外，蜂王也具有螯针，而且蜂王毒囊中的毒液在刚出房的时候是最多的，之后便逐渐减少，这与蜂王出生后要杀死其他王台中孵化出的新蜂王相适应。蜂群中还存在着另外一种为数不多的蜂即雄蜂，雄蜂没有螯针，不具备螫刺能力。

专题六
蜂王幼虫及雄蜂蛹

　　蜂王幼虫又叫蜂子、蜂王胎，是蜂王浆生产过程中所得的三日龄以内的小幼虫。蜂王幼虫由于主要食用蜂王浆，因此，药理作用和蜂王浆相似。此外，蜂王幼虫含有丰富的蛋白质和维生素，尤其是人体必需氨基酸和维生素 D，它是一种理想的高蛋白补品。雄蜂蛹高蛋白、低脂肪、富含多种维生素和微量元素，是一种理想的营养食物，其中维生素 A 含量远远超过牛肉，维生素 D 含量是鱼肝油的 10 倍。研究表明雄蜂蛹具有保肾抗衰老、提高身体免疫力、促进新陈代谢、提高细胞活性、调节神经系统的作用，对体质虚弱、失眠健忘、肾虚阳痿、性功能低下者有很好的改善作用。

一、蜂王幼虫及雄蜂蛹概述

1. 什么是蜂王幼虫?

蜂王幼虫是王台中蜜蜂的受精卵经过饲喂新鲜蜂王浆即将发育成蜂王的幼虫虫体。蜂农在生产蜂王浆时,需要在巢房内置入受精卵,才能诱导工蜂分泌蜂王浆。所以,蜂王幼虫是生产蜂王浆的副产品。蜂王幼虫以蜂王浆为食,虫体表面也黏附着蜂王浆,因此具有丰富的营养(图6-1)。

图 6-1 人工王台及蜂王幼虫

2. 什么是蜂蛹?

蜂蛹是蜜蜂从幼虫发育成为成虫前的过渡阶段,是尚未羽化出房的虫体。蜂蛹包括工蜂蛹和雄蜂蛹。目前,市场上作为商品的主要是雄蜂蛹。雄蜂蛹是蜂王在雄蜂房产下的未受精卵发育成的,具有丰富的营养(图6-2)。

图6-2　蜂蛹（李建科　摄）

3.什么是蜂子？有什么用途？

　　蜂子是我国古代对蜂卵、蜂幼虫和蜂蛹的统称（图6-3、图6-4）。

我国传统医学对蜂子的医疗保健功能有许多研究。

图6-3　蜜蜂卵

图6-4　蜂王幼虫（李建科　摄）

《神农本草经》说"蜂子味甘、平，微寒、无毒"。长沙马王堆汉墓中出土的《五十二病方》也记载了用蜂子疗疾的处方。李时珍《本草纲目》亦收有蜂子词条，对其功用有较详细的记载："主治头风，除蛊毒，补虚羸伤中。久服令人光泽，好颜色，不老。"蜜蜂蛹虫作为一种鲜美的食品，在民间流传已久。在古代，我国劳动人民就有食用蜜蜂幼虫和蜂蛹的习惯。公元前3世纪的《礼记·内则》中，就有蜂蛹为帝王和贵族食用珍品的记载。据唐末广州司马刘恂在其地理游记《岭表录异》记载，当时蜂蛹已成为人们的美味食品。以上记载，均说明我国古代早已了解了蜜蜂蛹虫的食用价值和医用价值。在西南地区的很多地方，采食蜜蜂蛹虫的习俗一直保持至今。在国外，如美洲、澳洲等地区的很多民族，历史上也都有食用蜜蜂蛹虫的习俗，美国、俄罗斯、法国、瑞典等国也把蜂蛹作为保健珍品和上等佳肴。在日本，食用蜜蜂蛹虫已成风气，我国生产的雄蜂蛹大部分都出口到了日本。

近几年来，随着生活水平的提高，我国的膳食结构产生了变化，高蛋白低脂肪的食物，成为人们理想的食物。昆虫食品成了盘中美味，蜂幼虫和蛹自然成为人们不可多得的佳肴了，有的饭店甚至把雄蜂蛹作为招揽顾客的招牌菜。另外，用酒浸泡成的蜂蛹酒，对人体有极好的滋补和复壮的作用。

4. 蜂蛹有什么药用价值和营养价值？

新鲜雄蜂蛹的含水量为 73% ~ 80%。雄蜂蛹的干物质中粗蛋白质含量 41% ~ 60%，粗脂肪 15% ~ 26%，碳水化合物 3.6% ~ 11.6%。此外，雄蜂蛹还含有 20 种氨基酸、多种维生素、酶类及其他活性物质。雄蜂蛹的显著特点是蛋白质含量高，营养价值丰富。

雄蜂蛹的药用价值概括如下：①常使用蜂蛹可驱寒、祛风除湿，治痛风。②健脑益智，能明显增强记忆力。③抗缺氧、增耐力、抗饥寒疲劳，有益于提高速度、力量，增强应急力，振奋精神、焕发生命潜能。④促使肝、肾等器官的细胞再生，使机体更新，能调整营养代谢，降血脂、血糖、胆固醇，从而预防心脑血管疾病，特别是在健脑益智、机能调节、增强免疫力三方面有显著的作用。⑤以蜂蛹为主要原料，配伍人参、鹿茸、黄芩、阿胶等六味中草药精心酿成雄蜂蛹酒，具有益气养血、滋阴助阳、缓解疲劳的功效，能对因体力或心理负荷过重引起过度疲劳的人群起到消除或减轻疲劳、恢复正常生活、提高工作效率的作用。

5. 蜂蛹泡酒对哪些人群有作用？

蜂蛹泡酒对下列人群有恢复健康的作用：①易缺氧，经常头痛、偏头痛的人群。②精力不足、神疲乏力、注意力不集中、易疲劳的人群。③早衰、记忆力下降的人群。④年老体弱、病后康复的人群。⑤体质虚弱、多病的人群。⑥有风湿或类风湿疾病的人群。⑦腰膝酸软、性欲减退或有阳痿、早泄等症状的人群。⑧前列腺增生、精液不足的人群。

6. 雄蜂蛹的感官要求和理化要求有哪些？

《中华人民共和国国家标准　雄蜂蛹》（GB/T 30764—2014）给雄蜂蛹做了明确的定义：蜂王在雄蜂房产下的未受精卵，经工蜂孵化哺育而生长发育成的蛹体，并对其感官要求和理化要求做了详细说明。

基本要求：应采集 19 ~ 21 日龄（自产卵之日算起）的蛹体，－18℃以下冷冻保存。

（1）雄蜂蛹的感官要求

1）状态：蛹体饱满完整，头部正面呈圆形。

2）色泽：蛹体呈乳白色至淡黄色，有光泽，眼部为浅红色至紫红色，无褐变。

3）气味：有雄蜂蛹特有的气味，无异味。

4）滋味：微腥，味甘，无异味。

5）杂质：不应有肉眼可见的杂质。

（2）雄蜂蛹的理化要求

1）水分（克/100 克）≤ 80。

2）蛋白质（克/100 克）≥ 9。

3）粗脂肪（克/100 克）为 3 ~ 7。

4）超氧化物歧化酶（SOD）活性（国际单位/克）≥ 1 000。

5）灰分（克/100 克）≤ 1。

6）pH 为 6 ~ 7。

7. 蜂王幼虫有哪些营养价值？

蜂王幼虫，又名蜂子、蜂王胎、蜂胎，它是蜜蜂的受精卵孵化而成的蛆状蜂王幼虫体，也是生产蜂王浆的副产品之一。据分析，每百克蜂胎冻干粉的蛋白质含量高达 50% ~ 60%，18 种氨基酸齐全，脂肪在 16% 以下，并含有丰富的矿物质、维生素、酶及多种对人体生理机能具有明显调节功能的生物活性成分。据报道，其维生素 A 含量仅次于鱼肝油，大大超过牛肉、鸡蛋，维生素 D 含量分别为鸡蛋黄和鱼肝油的几十倍甚至上千倍。总之，蜂王幼虫是一种高蛋白质、维生素丰富、矿物质丰富、低脂肪的天然营养保健品。

8. 蜂王幼虫的保健价值有哪些？

意大利学者及我国浙江杭州市肿瘤医院等 12 家医院采用口服或注射蜂胎提取液的方法，使患有艾氏腹水癌的小鼠寿命延长，腹水出现较迟，癌细胞发育有退行性改变，证明蜂胎所特有的抗癌作用。国内外的研究表明，蜂胎可应用于精力衰退、体虚乏力、营养不良、病后滋补及青春发育迟缓、更年期综合征、未老先衰等症，并可治疗肝炎、胃炎、心脏病、神经官能症、白细胞减少症等疾病。

9. 蜂王幼虫如何生产保存？

蜂王浆生产过程中，移虫后 60 ~ 72 小时取浆，可以将挑出的幼虫集中。一般生产 1 千克蜂王浆，可收获蜂王幼虫 0.2 ~ 0.3 千克。以我国年产蜂王浆 4 000 吨左右来计算，作为副产品的蜂王幼虫就有 1 000 吨左右，利用价值非常可观。将收集的蜂王幼虫每 1 ~ 2 小时储存一次，最长不超过 2 小时；生产蜂王幼虫量大，可分批储存。储存方法，可将收集的蜂王幼虫装入聚丙烯塑料袋中，在封口前将塑料袋内的空气挤出，然后密封，立即放入冰箱的冷冻室内储存（这种方法非常适用于定地饲养的蜂友）。

也可将蜂王幼虫与白糖按 1：1 比例混合后，装入聚丙烯塑料袋中，在封口前将塑料袋内的空气挤出来，密封，放在阴凉处储存（这种方法适合追花夺蜜的蜂友），但储存时间不宜过长，等积攒到一定数量，可以送至大型冷库储存。蜂王幼虫营养丰富，酶活性很强，其本身就是一个五脏俱全的生物体，震动、光、热、氧等外界因素均可使其变质，因此解决好原料及生产过程的保鲜、储运和生产工艺是开发蜂王幼虫类食品的前提。现一般在储运上采用密闭冷冻保鲜法，加工工艺上采用低温冷冻干燥法。

10. 历史上对蜂王幼虫有哪些记载？

《礼记·内则》《图经本草》《神农本草经》《本草拾遗》《名医别录》等均先后从不同的角度论述了蜂王幼虫的食用价值及药用价值。公元1200 年前我国编写的《尔雅》中就有吃蜂儿（即幼虫和蛹）的记述："土蜂，咦其子，木蜂，亦咦其子。"唐代的《岭表录异》记述了当时宣（州）歙（州）一带的人采食蜂儿并用其馈赠亲友的情景："恂游宣歙间，见彼中人好食蜂儿，状好（如）蚕蛹而莹白。大蜂结房于山林间，大如巨钟，其中数几百层。村人采食，须以草覆蔽其体，以捍其毒螫。复以烟火熏散蜂母，乃敢攀缘崖木，断其蒂。一房中蜂子或五斗至一石。蜂子三分中一，翅足具矣。其余三分中二，没有长成翅足的，即入盐酪炒之，曝干，以小纸囊贮之，寄入京洛以为方物。"从这段生动的描述中我们可以知道当时宣州、歙州一带捕猎和加工、食用蜜蜂幼虫、蛹的具体方法和情况。

同时，早在公元前 3 世纪，蜜蜂虫、蛹就被用于配方治病，这在长沙马王堆出土的古医方帛书中有明确的记载。《神农本草经》将蜂子（即蜜蜂幼虫和蛹）列为上品。李时珍编著的《本草纲目》中对蜜蜂幼虫、蛹的性状、功能有更为详尽的记述："蜂子，即蜜蜂子未成时白蛹也……则自古食之矣。其蜂有三种：一种在林木或土穴中作房，为野蜂；一种人家以器收养者，为家蜂，并小而微黄，蜜皆浓美；一种在山岩高峻处作房，即石蜜也，其蜂黑色似牛虻。三者皆群居有王。王大于众蜂……（气味）甘、平、微寒……（主治）风头，除蛊毒，补虚羸伤中……主丹毒风疹，腹内留热，利大小便涩，去浮血，下浮汁，妇人带下病。"

二、蜂王幼虫及雄蜂蛹的应用

1. 如何食用蜂王幼虫？

蜂王幼虫补酒以及以蜂王幼虫为主料的各种发酵酒还具有嫩肤乌发、养颜益寿之功效。在食用方面，我国民间早就有用蜂王幼虫泡酒、做汤、煎蛋等传统食法；非洲、拉丁美洲以及亚洲的一些民族就有食用蜜蜂幼虫、蛹的习惯；墨西哥尤卡坦半岛的人将新鲜的蜂王幼虫拌入食盐和柠檬汁作为美味佳肴来招待贵宾或自己食用；日本用蜂王幼虫制作蜂子罐头，用蜂蛹制备各种营养食品和饮料；美国有蜂蛹饼；俄国、法国、瑞典等国也有许多以蜂王幼虫为原料的食品；意大利人以蜂王幼虫为主制成了"蜂胎克力"。蜂王幼虫作为生产蜂王浆的副产品，在生产蜂王浆的季节，可直接食用，用煎、炒、炸、蒸等方法加工成各种佳肴，其味道鲜美，还可以制作成罐头食品。在我国许多养蜂者或蜂疗机构把蜂王幼虫直接泡在酒中制成幼虫滋补酒用来保健。蜂王幼虫逐渐作为原料来生产各种新型营养保健品，有康乐酸奶、复方蜂王胎口服液、复方蜂王胎含片等。例如张立松等曾经将新鲜蜂王幼虫或幼虫的乙醇浸液，经真空冷冻干燥后压片制成蜂王胎片，做成商品销售。

2.蜂王幼虫的保健作用有哪些？

蜂王幼虫又称蜂子、蜂王胎，是蜜蜂受精卵经工蜂喂饲新鲜王浆生长发育的幼虫体，是从王台里采集的幼虫。蜂王幼虫以蜂王浆为食，幼虫本身有极丰富的营养，同时体表也黏附着蜂王浆，是人工生产蜂王浆的副产品。其主要的保健价值如下：

（1）免疫调节作用　蜂王幼虫是营养成分齐全的天然产品，在补充营养、调节免疫上都有重要的作用。如蜂王幼虫所含几丁多糖是一种很好的免疫促进剂，具有促进体液免疫和细胞免疫的功能。经小鼠试验证明，小鼠注射1%的几丁多糖，3天内可形成抗羊红血细胞的重要抗体。蜂王幼虫所含丰富的维生素C可以提高机体的免疫功能，最主要的是增加T淋巴细胞的数量与活力。蜂王幼虫所含人体所需的各种氨基酸，对免疫调节也有重要意义，特别是含有提高人体免疫能力的重要游离氨基酸——牛磺酸，对调节人体生理机能、激发细胞活力、促进新陈代谢、提高机体免疫能力有显著功效。蜂王幼虫中所含硒、铁、锰等微量元素也有调节免疫功能的作用。

（2）抗肿瘤作用　国外早有报道，蜂王幼虫有抑制肿瘤的作用，并指出蜂王幼虫含有抗癌的特殊的混合激素，是蜂王浆所不及的。意大利等国学者曾报道，口服或注射蜂王幼虫浆，能使艾氏腹水癌小鼠寿命延长。

科学家波弟尔（Burdeel）等也报道，蜕皮激素的粗制品能抑制培养中哺乳动物肿瘤细胞生长。我国学者丁恬等对蜂王胎进行的试验研究表明，蜂王胎对试验动物的 S180 肿瘤的抑制率为 29.7％，对腹水瘤 HEPA 的生命延长率为 83.33％，还证明蜂王胎能抑制人体癌细胞的生长。姚慈幼报道了蜂王幼虫浆抑制腹水瘤的动物试验，结果表明：试验组和对照组同时注射水瘤液，两组同时出现明显的腹水症状，从发病之日起试验组开始注射幼虫浆，每天 1 次，结果试验组比对照组平均寿命延长 6.6 天，腹水量是对照组的 1/16 ～ 1/14。经过对腹水病理检查，试验组癌细胞发育受到抑制，发现有明显退行性变化。

蜂王幼虫体壁中含有丰富的几丁多糖，也成为人们研究抗肿瘤的热点。几丁多糖有直接抑制肿瘤的作用，在有 10 个癌细胞的溶液中，加入 0.5 毫克 / 毫升的水溶性几丁多糖，24 小时后癌细胞全部死亡。用两组小鼠进行活体试验，一组每天给小鼠口服几丁多糖 50 毫克 / 千克，几天后腹腔移植 10 个癌细胞，一组为对照组，只接种癌细胞，不饲喂几丁多糖，饲喂观察 60 天。结果试验组小鼠成活率为 67％。对照组则全部死亡。证明几丁多糖产生了明显的抗肿瘤作用。

（3）抗氧化作用　蜂王幼虫有一定的抗氧化作用，其抗氧化作用的成分有多糖、维生素 A、维生素 C、维生素 E、维生素 B_2、超氧化物歧化酶（SOD）、硒、锌、铜、锰等。研究表明，蜂王幼虫体壁具有很好的抗氧化能力，主要是因为它们体壁中含有几丁多糖的缘故。近年来，国内外对几丁多糖抗氧化的研究证实，它们可以显著提高机体内 SOD 活力及过氧化氢酶的活力，有效降低小鼠血清和肝脏中脂质过氧化物质（LPO）含量，降低小鼠脑组织和心肌中脂褐素（LE）含量，从而表明其抗氧化能力。

（4）抗疲劳作用　研究表明，蜂王幼虫有抗疲劳作用。浙江农业大学蜂业研究所胡福良、浙江中医药大学实验动物中心陈民利等（1997）将蜂王幼虫磨成匀浆，用蒸馏水配制成100毫克/毫升的浓度，连续灌胃小鼠7天，剂量为0.4毫升/（只·天），于灌胃末日的次日进行负重（占小鼠体重5%）游泳试验。结果，蜂王幼虫组小鼠在常温（29℃±1℃）下游泳时间为82.10分±21.56分，而对照组为57.73分±14.12分；在低温（19℃±1℃）时蜂王幼虫组小鼠游泳时间为15.41分±3.25分，而对照组为10.15分±3.37分；在高温（39℃±1℃）时蜂王幼虫组小鼠游泳时间为33.83分±5.21分，而对照组为24.98分±7.14分。蜂王幼虫液灌胃的试验组无论常温、低温还是高温条件下，其游泳时间均显著高于对照组（$P < 0.05$），说明蜂王幼虫能明显提高小鼠的抗应激能力，表现出明显的抗疲劳作用。

（5）促进生长的作用　蜂王幼虫是一种营养十分丰富的天然产品，因而有促进生长的作用。江西省商业科学研究所沈平锐（1990）研究了蜂王胎对幼龄大白鼠生长的影响。试验用健康断奶的 Wistar 大白鼠45只，随机均分为3组，以配合饲料分笼喂养，试验1组在饲料中添加蜂王胎1.2克/千克，试验2组添加1.8克/千克，以后每周称重1次，比较各组鼠体重的变化。饲喂28天的试验结果：试验1组体重175.02克±7.57克，试验2组体重200.43克±14.29克，对照组（不添加蜂王胎）体重167.05克±7.29克，试验组与对照组比较，有显著性差异（$P < 0.05$），说明试验组的大白鼠体重增长速度明显高于对照组，从而显示了蜂王胎具

有明显的促进大白鼠生长的作用。

（6）对循环系统的作用　蜂王幼虫能改善心血管的功能，具有增强心脏收缩力、平衡血压、改善微循环、促进组织代谢、增加白细胞的作用。适用于气短心悸、气血不通、面色萎黄、脸色苍白、四肢无力的医疗保健。

（7）对消化系统的作用　蜂王幼虫对消化系统有很好的调节作用，能增加食欲，帮助消化，通利大便，对于嗳酸腹胀、食欲缺乏、便秘有很好的改善作用，对慢性浅表性胃炎有辅助治疗功效。此外，还有护肝作用，能改善肝脏功能，恢复受损害的肝细胞。

（8）对内分泌系统的作用　蜂王幼虫对内分泌系统有调节作用，能调整月经，改善更年期不适，增强男女性欲。对男性精子数少、活动力差、液化时间延长患者有明显改善作用。对于经期不准、量多量少、更年期综合征、女性排卵障碍、不孕不育等有辅助疗效。

此外，蜂王幼虫能调节神经系统功能，具有安神镇静、振奋精神、改善睡眠、增强记忆能力的作用。适用于神疲健忘、失眠多梦、精神恍惚、心烦意乱等的医疗保健。

3. 蜜蜂幼虫食品有哪些？

蜜蜂幼虫主要指蜂王幼虫和雄蜂幼虫。蜂王幼虫的成分与蜂王浆接近，虫体越新鲜，活性就越高，食疗效果也就越好。蜂王幼虫所含的蛋白质高于蜂王浆，是花粉、牛肉的2倍以上，所含氨基酸是花粉的2倍以上，是牛肉、鸡蛋的3倍以上，是牛乳的10倍以上。雄蜂幼虫含的营养成分虽低于蜂王幼虫，但却高于蜂王浆，而含有的人体必需微量元素锌是蜂王浆的2倍、花粉的4倍以上。古代文献中把蜜蜂的卵、幼虫、蛹统称为"蜂子"或"蜂王胎"，成虫称为"蜜蜂"。现在称蜂王幼虫为"蜂王胎"。目前蜜蜂幼虫的食品主要有以下几种：①在蜜蜂幼虫的生产季节，直接食用，即油煎、盐炒蜜蜂幼虫，也有同其他食品混合烹制做汤食用。②制作成蜜蜂幼虫和蛹的罐头食品。将新鲜的材料蜜（或糖）渍或盐渍后，加工成甜味或咸味的各种罐头食品，能保存较长时间。③制作成保健营养酒。在我国民间有使用蜜蜂幼虫配制药酒的传统配方和制作工艺，这种营养酒具有祛风湿、抗疲劳的作用。④与其他食品原料混合配制成各种营养食品。国外许多企业都在饼干、点心等食品的配方中加入了蜜蜂幼虫；近10多年来，我国安徽、广东、湖北、湖南及北京的一些企业和研究单位开发了多种以蜜蜂幼虫为原料的营养液、营养胶囊和冲剂。⑤加工成冰冻干粉或烤干粉后再与其他原料配伍制成营养食品或药品。⑥配制动物饲料。我国很多地方试用蜜蜂幼虫的干粉做饲料添加剂喂养鸡、鸭、鱼、奶牛等畜禽和某些珍稀动物，取得了可喜的成效。

专题七
蜂　蜡

　　蜂蜡又名黄蜡、蜜蜡。它是由蜜蜂蜡腺分泌出来的一种产品。蜂蜡的主要成分是高级脂肪酸和高级一元醇。蜂蜡在医疗保健上应用广泛，主要用于理疗、药品、内服、外用和润滑剂等。蜂蜡本身具有轻微防腐、保湿、抗菌的功效。中医学认为，蜂蜡味甘、淡，性平，无毒，归肺、胃、大肠经，具有解毒、止痛、生肌润肤、止痢止血等功效。纯蜂蜡是一味中药，可与其他中药成分配伍后制成中药丸内服，也可以直接和食物煎服。民间用蜂蜡炒鸡蛋，可很好地治疗支气管炎、慢性支气管炎和各种痨疾。此外，蜂蜡在化工、家具、农业等方面具有广泛的应用。

一、蜂蜡概述

1. 什么是蜂蜡？

蜂蜡是工蜂腹部下面四对蜡腺分泌出来的一种脂肪性物质。其主要成分是高级脂肪酸和高级一元醇，另外还含有单酯类和羟基酯类、胆固醇酯等。工蜂分泌蜂蜡是为了修筑蜂巢，在筑巢时，还混合了上颚腺的分泌物（图7-1）。

图 7-1　蜜蜂腹部分泌的蜂蜡

2. 蜂蜡有什么用途？

（1）食用　蜂蜡一般不单独食用，但却是某些食物的天然或辅助成分。在欧美一些国家比较流行的巢蜜就是储存在封盖巢脾里的蜂蜜，而巢脾正是由蜂蜡做成的。最近几年，我国国内也有一些商家少量生产试销这种产品。

在食品工业中，蜂蜡可用作食品的涂料、包装和外衣等。蜂蜡是国家允许使用的食品添加剂。在 GB 2760—2014 国家标准中，蜂蜡作为被膜剂允许在糖果、巧克力中使用，CNS 号（食品添加剂中国分类系统）为 14.013。

（2）药用　蜂蜡可以入药。我国最早记载蜂蜡入药的文献《神农本草经》记载蜂蜡"味甘、微温，无毒。主下痢脓血，补中，续绝伤金疮，益气，不饥，耐老"。

《中华人民共和国药典》（2010 版）说蜂蜡"解毒，敛疮，生肌，止痛。外用于溃疡不敛，臁疮糜烂，外伤破溃，烧烫伤"。

（3）其他　蜂蜡在工农业生产上具有广泛的用途。在化妆品制造业，许多美容用品中都含有蜂蜡，如口红、胭脂、发蜡等（图 7-2）；在蜡烛加工业中，以蜂蜡为主要原料可以制造各种高档蜡烛，这种蜡烛燃烧后不产生黑烟，所以常常用于教堂、寺庙等地；在医药工业中，蜂蜡还可用于制造牙科铸造蜡、基托蜡、黏蜡、药丸的外壳；在农业及畜牧业上可用作制造果树接木蜡和害虫黏着剂；在纺织业，久负盛名的蜡染布，始于汉，盛于唐；在制革业，蜂蜡除作为皮革上光剂的原料，还用于皮革的制作过程中，如高档奢侈品 LV 箱包广告就宣称（其工艺）只使用蜂蜡（图 7-3）。

蜂蜡皂　　　　　蜂蜡面膜　　　　　蜂蜡唇膏　　　　发蜡

图 7-2　蜂蜡美容制品

图7-3 蜂蜡工艺品

3. 蜂蜡的药用价值与功效有哪些？

纯蜂蜡是一味中药，可与其他中药成分配伍后制成中药丸内服，也可以直接和食物煎服。

蜂蜡在医疗保健上应用广泛，主要用于理疗、药品、内服、外用和润滑剂等。本身具有轻微防腐、保湿、抗菌的功效，加热溶解后可使油水混合乳化。蜂蜡是DIY制作各种油包水配方乳霜、护唇膏和芳香蜡烛等最常用到的天然成分。将其制成各种软膏、乳剂、栓剂，可用来治疗溃疡、疖、烧伤和创伤等多种疾病。口腔咀嚼蜂蜡能治疗咽峡炎和上颌窦炎。咀嚼封盖蜡能增强呼吸道免疫力和治疗鼻炎、鼻旁窦黏膜炎等。将蜂蜡制成清凉压布软膏敷贴患部，可治疗闭塞性动脉内膜炎、牙周炎和痉挛性结肠炎。蜂蜡与碳酸钙、矿物油和纯松脂混合而成的化合物可以治疗慢性乳腺炎、湿疹、烧伤、创伤、癣、皮炎、脓肿乳头状瘤。

4. 古代医学著作对蜂蜡的药理作用有哪些记录？

蜂蜡是蜜蜂分泌的固体脂质，蜜蜂每次只能分泌8片，而400万片才有 1 千克。蜂蜡自古以来就引起人类的注意。我国开展蜂蜡疗法历史悠久，《本草通玄》称蜂蜡"贴疮生肌止痛"。李时珍在《本草纲目》第 39 卷的"蜜蜡"项下，这样记载着："蜡甘，微温，无毒。" 李时珍认为："蜜之气味俱厚，属乎阴也，故养脾；蜡之气味俱薄，属乎阳也，故养胃。厚者味甘，而性缓质柔，故润脏腑；薄者味淡，而性啬质坚，故止泄痢。张仲景治痢有调气饮，千金方治痢有胶蜡汤，其效甚捷，盖有见于此欤？"并附治疗 19 种疾病的方剂，或单用蜜蜡，或蜜蜡与中药配伍使用。《神农本草经》记叙蜂蜡"主下痢脓血，补中，续绝伤金疮，益气，不饥，耐老"。

公元 841 年，刘禹锡在所著书中详细叙述了蜂蜡外用具有生肌、止痛、消炎、杀菌等疗效，对烫伤、烧伤、创伤、疮毒、湿疹、癣、皮炎有一定的治疗作用，对上述疾患可按患处大小，将布或绸剪成宽 20 厘米左右的布（绸）段，把熔化的蜂蜡涂在布上，趁热缠在患处，外面再裹上一层布，蜡冷后更换；如果是受风寒，可用温热的蜡布裹脚心处，还可兼裹手心。利用熔化的蜂蜡热敷于人体，通过局部和全身效应以医治疾病的蜂蜡疗法，中国晋唐时代已广泛流行，比法国萨脱福于 1909 年倡导的石蜡疗法早 1 000 多年。

希腊历史学家希罗多德斯说：波斯人用蜡覆盖他们的死者，然后再埋葬。著名的荷兰解剖学家路易什，用蜂蜡充填血管和组织，可以使这些组织不腐败。古人对蜂蜡医疗作用是极其重视的，古俄罗斯手抄医书指出：蜂蜡能使人体组织柔软，温暖并再生，能减轻各种痛楚。民间医学使用蜂蜡治疗多种疾病，例如狼疮。

二、蜂蜡的生物活性及应用

1. 蜂蜡中主要生物活性物质及其作用是什么？

（1）二十八烷醇　二十八烷醇是蜂蜡中一种重要的天然成分，自1937年被发现对生殖障碍具有一定的预防和治疗作用后，二十八烷醇受到了科学工作者的广泛关注。经过科学家多年的试验研究发现二十八烷醇具有多种生理调节作用。

1）增强耐力和体力，提高反应敏锐性。二十八烷醇在增强人体运动机能方面表现尤其突出。动物试验表明，二十八烷醇可以显著增加小鼠的游泳时间；增强小鼠肌肉中ATP常数。人体试验证实，服用了二十八烷醇的运动员可以有效地延长运动持续时间和运动的耐久力，而且在运动后表现出较低的血压和心率；并对高原缺氧现象也有一定的缓减作用。美国科学家人体试验证实，在服用二十八烷醇后，人体反应能力明显提高，反应时间缩短。

2）促进脂类代谢。在研究二十八烷醇对高脂膳食大鼠脂类代谢的效果试验中，添加二十八烷醇组中大鼠的总胆固醇和低密度脂蛋白胆固醇的含量都显著降低，并且呈剂量依赖性，而高密度脂蛋白胆固醇的含量则不变，而且肾周的多脂组织的重量显著下降，而细胞数目并未减少，表明二十八烷醇可能抑制该组织中脂质的积累，而对于附睾多脂质组织和肝中的脂肪含量无影响。补充二十八烷醇还可以降低血浆中三酰甘油的含量，提高脂肪酸的含量，其原因可能是抑制了肝磷脂磷酸水解酶的活性。试验还发现，肾周的多脂组织中脂蛋白脂酶活性升高，肌肉中脂肪酸的氧化率增加，表明添加二十八烷醇的高脂膳食影响了大鼠的脂类代谢。

3）其他生理功能。通过试验研究，人们还发现二十八烷醇是降血钙素形成促进剂，可用于治疗血钙过多的肾质疏松症；对于肝脏细胞有一定的保护作用；与阿司匹林具有协同作用，参与了前列腺素和凝血素的代谢作用；对于机体胃溃疡也有一定的抑制作用；含二十八烷醇的化妆品能促进皮肤血液的循环和活化细胞，有消炎、防治皮肤病（如脚气、湿疹、瘙痒、粉刺等）之功效。大鼠试验结果表明二十八烷醇可以有效保护心肌线粒体的功能，增加心脏肌肉的 ATP 数量，减少心肌损伤的范围；可以促进动物的生长和增加多种激素的分泌；可以刺激动物及人类的性行为。但是上述有些生理调节功能的作用机制还有待进一步的深入研究。

（2）三十烷醇　三十烷醇也是蜂蜡的一种重要组成成分，是由 30 个碳原子组成的饱和长链脂肪醇，化学名叫三十烷醇 –1 或正三十烷醇，简称三十醇或 TRIA，又称蜂花醇，其化学式为 $CH_3(CH_2)_{28}CH_2OH$。在自然界中，三十烷醇、二十八烷醇等高级脂肪醇常与高级脂肪酸结合成酯的形式存在于各种蜡质中，虽也有游离态存在，但数量很少；蜂蜡和米糠蜡中含量可高达 10% ～ 25%，所以常以蜂蜡和米糠蜡为原料制取，而前者最为常用（图 7-4）。

目前三十烷醇被作为一种无毒害、无污染、成本低、效益高的广谱性植物生长调节剂，也是一种"绿色"农药。研究表明，它具有多种生理调节功能，包括促进种子发芽，提高发芽率和发芽势；促进植物细胞的分裂和伸长；促进根、茎、叶的生长；促进发芽分化，增加开花数；提高结实率和千粒重；促进作物早熟，改善品质；促进植物组织吸水；促进矿物质

图 7-4 三十烷醇

元素的吸收；增加叶绿素含量，提高光合强度；增加能量储存，促进干物质积累；提高某些酶的活性，增强呼吸强度；改善细胞透性，提高作物的抗逆性（图 7-5）。

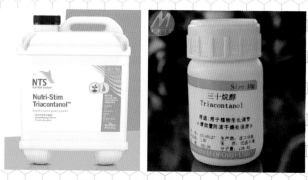

图 7-5 三十烷醇生长调节剂

三十烷醇能有效提高多种作物的产量和品质，虽然它不是肥料，但能提高肥料的利用率。三十烷醇可与氮、磷、钾、锌等多种植物营养矿物质复配使用，并且作用效果更佳。三十烷醇将在农业生产的化学调控中起着重要作用，目前已被广泛应用于紫菜、海带、裙带菜等经济海藻的养殖，并且其应用前景十分广阔。

（3）油菜素甾醇物　油菜素甾醇物对蔬菜生产有十分重大的影响。

Thomson 等试验表明油菜素甾醇物可以促进作物生长，增加营养体吸收、提高坐果率，促进果实肥大、增加粒重。王玉琴等用油菜素内酯对芹菜生长的影响进行试验，结果表明，用油菜素内酯处理的自来水培养芹菜，芹菜的生长受到明显促进，其营养体的产量明显提高。此外，油菜素甾醇物可以提高作物的抗逆性，在耐冷、抗病、抗旱、抗热和减轻药害等方面都有其独特效力。

由于油菜素甾醇物的生理功能不同于以前所认识的五大类植物激素，Moore 现在已把油菜素甾醇物作为第六类植物激素，与五大类植物激素并列写入教科书中。随着对其研究的不断深入，油菜素甾醇物的主要生理功能、结构与活性的关系也越来越清楚，在农业生产上的作用已得到充分肯定，其应用前景必将更加广阔。

（4）蜂蜡素　蜂蜡素是蜂蜡经皂化、分离和提取得到的以二十八烷醇、三十烷醇为主要组成成分的混合物。采用毛细管气相色谱法测得其含量分别为 64.78% 和 14.76%。动物试验研究还显示，用含胆固醇等的高脂饲料配方喂饲大鼠，在相同饲养条件下，在饲料中添加了蜂蜡素的大鼠体内血清总胆固醇、三酰甘油和低密度脂蛋白胆固醇的含量明显降低，同时高密度脂蛋白胆固醇的含量升高，并且生长性能也有所提高。虽然蜂蜡素与二十八烷醇一样也具有良好的防治高脂血症及动脉粥样硬化的作用，但具体的作用机制还有待进一步研究，以便区分研究二十八烷醇与蜂蜡素的生理调节功能的区别和共同之处。

综上所述，蜂蜡中含有多种生物活性成分，但是大部分生理调节功能的作用机制还不清楚，因此有待以后更加深入地科学研究，以期更好地开发与利用蜂蜡物质。

2. 蜂蜡的美容机理是什么？

蜂蜡在化妆品中早已得到应用，以其特有的性质，在美容中发挥了重要作用。

（1）耐温　蜂蜡对温度的耐受，不太受自然界温度的影响，使配制的化妆品保持应用状态。用在皮肤上也能比较稳定地发挥作用。

（2）乳化互溶　蜂蜡在与碱作用后，容易乳化，且乳化后形成的膏体也较稳定。蜂蜡可与油类互溶，并可使其他配料结合在一起，质量保持稳定，可长期存放。

（3）润肤护肤　蜂蜡作为营养性和收敛性物质用于皮肤美容，是高级天然佳品。是制作面罩的很好原料。

（4）消除皱纹　蜂蜡能营养和改善皮下组织状况，使其弹力纤维活化，抗御硬化，促进皮肤柔润，减少皱纹。国外有报道，专家制作治疗皮肤皱纹的软膏，其配方：蜂蜡 30 克，蜂蜜 30 克，洋葱汁 30 克，百合汁 30 克，置陶瓷罐里，以文火加热，待蜂蜡熔化，搅拌均匀，冷却为软膏。用法：每天早晚以软膏涂脸，然后用细布将其擦掉。长期使用可美容养颜。

（5）生肌　蜂蜡具有止痛生肌作用，可治疗皮肤裂伤、脱发等疾病，还可用于医治冻、灼、烫伤等。另外，蜂蜡内服的美容养生作用历来受到重视，这是更根本的方法。在考虑到外用药物的同时，若能配合内服，其效果更会突出而稳固。

专题八
蜂　巢

　　蜂巢是蜜蜂的巢脾，是蜜蜂栖息、繁衍、储食的场所。其中含有蜜蜂幼虫和蛹的茧衣、蜂蜜、花粉、蜂王浆、蜂胶、蜂蜡及蜜蜂分泌的所有物质等。主要成分有蜂蜡、生物碱、树脂、油脂、色素、鞣质、蛋白质、多肽、酶类、多糖以及苷类等。另外，巢脾中有丰富的锌、硅、锰、钾、铜等微量元素。蜂巢煎水对鼻炎、鼻窦炎、鼻敏感、慢性和过敏性鼻炎有很好的疗效。

1. 什么是蜂巢？

蜂巢是蜜蜂繁育后代，储存蜂蜜、花粉等食料的巢窝，是工蜂分泌蜂蜡修筑成的（图8-1）。蜂巢上分布着许多六角柱形的小孔，叫巢房。巢房可以储存蜂蜜、花粉、蜂粮，还可以哺育幼虫。蜂王在巢房里产子。当幼虫化蛹时，会在巢房内做一个薄茧以保护自己。蛹羽化出房后，茧衣就留在巢房里。随着产子次数逐渐增加，遗存的茧衣也越来越多，巢房的容积越来越小，颜色也越来越深。蜂王就不愿意到这样的巢房产子了。蜂农就会把这样的蜂巢从蜂箱中取出来，淘汰掉。

图8-1 蜂巢

2. 淘汰掉的老蜂巢有什么用途？

淘汰掉的老蜂巢是提取蜂蜡的原料，另外可以入药。国外曾有报道，嚼食蜂巢可以预防感冒、治疗鼻炎。1981年，上海某厂用蜂巢做成制剂，对治疗鼻炎、肝炎有较好效果。需要提醒注意的是，若用蜂巢入药，当从医嘱。

3. 蜂巢的功效与开发利用情况怎样？

蜂巢是蜜蜂栖息、繁衍、储食的场所。其中含有蜜蜂幼虫和蛹的茧衣、蜂蜜、花粉、蜂王浆、蜂胶、蜂蜡及蜜蜂分泌的所有物质等。因此，蜂巢的成分十分复杂，经水煎醇提后得浸膏，分析结果显示，含有蜂蜡、生物碱、树脂、油脂、色素、鞣质、蛋白质、多肽、酶类、多糖以及苷类等成分。另外，蜂巢中有丰富的锌、硅、锰、钾、铜等元素。蜂巢中分离鉴定出的蜂胶有黄酮类、萜烯类、酮、醇、醛、酚、酯类、有机酸和大量氨基酸、酶类、维生素 B 类、维生素 A 类。蜂巢作为一种动物中药，具有治疗鼻炎、乙型肝炎、急性乳腺炎等炎症，以及抑菌杀菌、攻毒杀虫、祛风镇痛、降血脂、降血压、抗肿瘤、抗氧化（清除自由基）、促进机体免疫功能等生物学及药理学价值。《神农本草经》中把"蜜蜡"列为药中上品，据专家考证，蜜蜡就是蜂巢。明代著名的医药学家李时珍在他所著的《本草纲目》中，亦把蜂巢列为药中上品，有"蜡乃蜜脾底也"（即今称蜂巢）的记述，对其药性和功效有记载。由此可见，把蜂巢作为一种中药和养身保健品，已有上千年的历史。

4. 蜂巢对人体的功效有哪些？

蜂巢对人体的功效很多，概括起来有以下几个方面：

（1）增强免疫力　蜂巢内保留着蜂茧衣（类似动物胎盘）、蜂胶、蜂蜡等多种特殊物质，富含黄酮类物质。黄酮类化合物对人体抵御疾病、增强免疫力有显著作用。而经测定在蜂巢中也富含萜烯类化合物，具有显著的消炎杀菌、增强免疫能力等作用。

（2）抑菌杀虫作用　意大利蜜蜂巢脾水煎液（0.5 克/毫升和 0.25克/毫升药量的溶液）对金黄色葡萄球菌、八叠球菌、大肠杆菌、蜡状菌等均有很好的抑制作用，对枯草杆菌、沙门菌等也有一定的抑制作用。1:（5～15）稀释度的意大利蜜蜂巢脾水煎液对大肠杆菌、沙门菌、伤寒杆菌、绿脓杆菌均有抑制作用。

（3）抗癌作用　蜂巢中含有蜂胶，而蜂胶中包括 3，5-异戊二烯、4-羟基桂皮酸、Clerodane 型双萜类物质、苯并呋喃、咖啡酸苯乙酯、槲皮素以及一些还没有被鉴定出的物质，其甲醇、乙醇和水的提取物具有细胞毒素和化学防治作用。日本林源生物化学研究所从蜂巢中提取的称为胶质壳的物质，具有抑制癌细胞繁殖的效果。

（4）降血脂作用　蜂巢有很好的降血脂作用，主要是蜂巢中所含黄酮类化合物、维生素、常量和微量元素、不饱和脂肪酸、多糖和核酸等综合作用的结果。不饱和脂肪酸与维生素 E 各有理想的降血脂作用，同时维生素 E 通过抗氧化，又很好地保护了蜂巢中不饱和脂肪酸，使其能在机体内更好地发挥作用。蜂巢降血脂作用非常安全可靠，不像某些降血脂药物那样会对肝、肾等重要器官产生副作用，因而受到高血脂患者的青睐。

（5）抗氧化作用　蜂巢的组分蜂胶中含有黄酮类化合物等抗氧化活性物质，与金属离子螯合而具有抗氧化作用。蜂胶中的黄酮类、萜烯类等物质具有很强的抗氧化性能，能显著地提高机体内有清除自由基作用的超氧化物歧化酶（SOD）的活性。研究证明，其组分蜂胶在 0.01% ～ 0.05%

的浓度下，有很强的抗氧化能力。因此，蜂巢是一种不可多得的天然抗氧化剂，是人类保持健康、延缓衰老的重要物质。

5. 什么是蜂巢素？

利用科学的方法提取蜂巢的有效成分，与蜂蜜精配伍制成蜂巢素。蜂巢素对于治疗肝炎、鼻炎、鼻窦炎、鼻敏感、慢性和过敏性鼻炎、风湿性关节炎等有良好效果，可迅速缓解因各类鼻炎引起的鼻塞、流涕、头痛、头晕、咽喉不适等症状。鼻咽炎是鼻腔、咽喉黏膜发生炎症的疾患，发病原因主要是细菌感染和免疫功能低下所致。蜂巢素中的蜂胶等物质对细菌、真菌、病毒具有抑制和杀灭作用。蜂巢素中蜂王浆、花粉的复合营养成分，能充分促进人体免疫功能提高，使鼻咽炎的症状缓解并消失。蜂巢素针对各种鼻炎是由内直达病灶，效果迅速，深受鼻炎患者的好评，是具有良好前景的天然食疗佳品和药物（图8-2）。

图8-2　蜂巢素及部分制品

■ 主要参考文献

[1] 李绍祥，李琦，凌昌全 . 蜂毒素的研究新进展 [J]. 中草药，2001，32(10)：942-945.

[2] 李顺子，孙学军，阎虎生，等 . 毒蜂肽及其类似物的抗菌活性、溶血活性及与磷脂膜的作用 [J]. 高等学校化学学报，2005，26（1）：73-77.

[3] 刘进祖 .2015 年我国蜂王浆产销行情及 2016 年市场预测 [J]. 绿化与生活，2016.

[4] 刘子贻，沈奇桂，陈枢青，等 . 油菜蜂花粉中雌激素含量和活性测定 [J]. 浙江大学学报（医学版），1993（2）：49-52.

[5] 陆莉，林志彬 . 蜂王浆的药理作用及相关活性成分的研究进展 [J]. 医药导报，2004，23（12）：887-890.

[6] 孟光，李春林，刘志刚，等 . 椰子花粉过敏原的分离、鉴定与纯化 [J]. 免疫学杂志，2009，25（1）：20-22.

[7] 马仁公 . 蜂王幼虫、工蜂幼虫和雄蜂蛹的新用途 [J]. 中国蜂业，2007，58(5)：32-33.

[8] 饶波 . 蜂王幼虫的研究进展 [J]. 西江化工，2012（4）：39-41.

[9] 饶化雄，治疗过敏性鼻炎 [J]. 蜜蜂杂志，2015（2）.

[10] 施小妹，王慧芳，李响，等 . 蜂毒肽抗肿瘤研究新进展 [J]. 西北药学杂志，2010,25（5）：396-398.

[11] 王明锁，陈政，黄美英，等 . 蜂花粉对受照大鼠抗辐射效应的研究 [J]. 辐射研究与辐射工艺学报，1998（2）：110-112.

[12] 魏文挺，郑火青，胡福良 . 蜂花粉过敏研究进展 [C]. 中国蜂业，2011.

[13] 宛希平 . 蜂王幼虫和雄蜂蛹的妙用 [J]. 蜜蜂杂志，2004（2）：25-25.

[14] 许喜兰 . 蜂王幼虫的营养与医疗保健作用 [J]. 养蜂科技，2003（5）：37-37.

[15] 尹进，徐贝力 . 玉米花粉的破壁处理及营养学研究 [J]. 卫生研究，1994（4）：236-238.

[16] 赵亚周，田文礼，国占宝，等 . 蜂蜜结晶的影响因素及评价指标 [J]. 中国农

业科技导报，2010，12（3）：50-55.

[17] 朱威，胡福良，李英华，等．蜂蜜的抗菌机理及其抗菌效果的影响因素 [J]．天然产物研究与开发，2004，16（4）：372-375.

[18] 张瑱，陈钧，杨小明，等．蜂花粉的雌激素样作用研究 [J]．江苏大学学报（医学版），2004，14（4）：285-286.

[19] 张红梅，姜露露，霍建丽，等．蜂毒的研究新进展 [C]．中国生物毒素学术研讨会，2007.

[20] 朱金明．浅析蜂产品调节激素失衡的机理 [J]．蜜蜂杂志，2006，26（9）：30-31.

[21] 张青山．天然蜂巢素 [J]．中国蜂业，2013（9）：41-43.

[22] VIK H, STEINVAG S K, ELSAYED S. Studies on the allergenicity of the Amino-Terminal epitope (Bet v I 23-38) from birch pollen allergen. International Archives of Allergy and Immunology. 1993，101.

[23] AHMED S, OTHMAN N H. Honey as a potential natural anticancer agent: a review of its mechanisms[J]. Evidence-based compelmentary and alter native medicine: eCAM, 2013, 829070.

[24] ALVAREZ-SUAREZ J M, TULIPANI S, ROMANDIM S, et al. Contribution ofhoney in nutrition and human health: a review[J]. Mediterrancan Journal of Nutrition and Metabolism, 2009, 3(1), 15-23.

[25] BOGDANOV S. The honey book[J]. Bee Product Science, 2011, 6.

[26] BOGDANOV S. The pollen book[J]. Bee Product Science, 2011, 5.

[27] BOGDANOV S. The royal jelly book[J]. Bee Product Science, 2011, 5.

[28] BOGDANOV S. The propolis book[J]. Bee Product Science, 2011, 5.

[29] BOGDANOV S. The venom book[J]. Bee Product Science, 2011, 5.

[30] BOGDANOV S, Jurendic T, Sieber R, et al. Honey for nutrtion and health: a review[J]. Journal of the American College of Nutrition, 2008, 27(6), 677-689.

[31] BOGDANOV S. Functional and biological properties of the bee products: a Review[J]. Bee Product Science, 2011, 1.

[32] CORTES M E, VIGIL P, MONTENEGRO G. The medicinal value of honey: a review on its benetfits to human health, with a special focus on its effects on glycemic regulation[J]. Cienc investing agrar, 2011, 38(2): 303-317.

[33] FARHANA A, ADNAN S M. Anti-hyperlipidemic effect of acacciahoney（desikikar）in cholesterol-diet induceo hyperlipidemia in rats[J]. Biomedica. 2011, 27:62-67.

[34] FRATINI F, CILIA G, MANCINI S, et al. Royal jelly: an ancientremedy with remarkable antibacterial properties[J]. Microbiological research, 2016, 192, 130-141.